生物ミステリー

化石になりたい

― よくわかる 化石のつくりかた ―

土屋 健 著　前田晴良 監修

技術評論社

はじめに

【化石】か・せき fossils
　地質時代の生物（古生物）の遺骸および古生物がつくった生活の痕跡。（以下略）
　『古生物学事典 第2版』（日本古生物学会編集，朝倉書店刊行）より

　「化石」と聞いて、あなたが思い浮かべるものは、どのようなものでしょうか？　博物館に並ぶ恐竜の骨格標本？　それともアンモナイト？　もしくは琥珀に内包された昆虫？　あるいは永久凍土から見つかった冷凍マンモス？

　古生物学には「タフォノミー（化石生成論）」とよばれる分野があり、いかにして化石ができるのかについて、日夜研究が進められています。本書は、そのタフォノミーをテーマとした1冊です。

　「なんだか難しそう」と思われた方に一言、断っておきましょう。

　そんなことはありません。

　誰もが一度は思ったことがある（と、筆者は確信しています）、「化石はどうやってできるの？」「私も化石になれるの？」という疑問の答えに、さまざまな視点から迫っていきます。それは、あなたの知的好奇心をくすぐる、"ちょっとダークな視点"のサイエンス。そう、この本が目指したのは専門書ではなく、エンターテイメントとしてタフォノミーを楽しむことができる1冊です。

　なぜ、骨が化石に残りやすいのか。なぜ、アンモナイトは殻だけが岩石の中に眠っているのか。琥珀の中の昆虫は、某映画のようにDNAを残しているのか。冷凍マンモスは、なぜしわくちゃなのか。化石にまつわる、そうしたシンプルな疑問に対しても、それぞれ答えを用意しました。「化石のでき方」について学びつつ、「もし自分が化石になったら」という想像を膨らませてみてください。

本書は、九州大学総合研究博物館の前田晴良教授に、全編にわたってご監修をいただきました。また、コンクリーションに関しては名古屋大学博物館の吉田英一教授、人類学者の視点については国立科学博物館人類研究部の海部陽介人類史研究グループ長にご協力いただきました。標本撮影に関しては、ミュージアムパーク茨城県自然博物館のみなさま、城西大学水田記念博物館大石化石ギャラリーのみなさま、名古屋大学博物館のみなさまにもご協力いただいております。そして、世界中の博物館関係者、研究者のみなさまに、貴重な標本の画像をご提供いただきました。お忙しいなか、本当にありがとうございます。とくに画像に関しては、歴史的な標本の画像を多数掲載しておりますので、ぜひ、ご堪能ください。……その分、拙著既刊の"古生物の黒い本"シリーズなどと比べるといささか高価な本になりましたが、価格に見合う内容になったと思います。

　制作スタッフは、拙著"古生物の黒い本"シリーズの面々です。ともすれば、グロテスクになりかねない本書のテーマに対して、"優しい絵"を描いてくれたのはえるしまさく氏。写真撮影は安友康博氏。作図は筆者の妻（土屋香）が担当。今回もスタイリッシュなデザインは、WSB inc.の横山明彦氏。編集スタッフは、ドゥ・アンド・ドゥ・プランニングの伊藤あずさ氏、技術評論社の大倉誠二氏でお送りしています。

　最後になりましたが、今、こうして本書をお手に取っていただいているあなたに、特大の感謝を。「化石になる方法」という、古生物学の"根元"にして、シンプルな疑問に関する本書を、心ゆくまでお楽しみください。

　あなたの知的好奇心を満たす、その一助になれれば幸いです。

2018年7月
筆者

あなたにぴったりの化石診断

あなたの希望に合った化石について紹介している章はどれだろう？
思い描く化石のイメージに近い答えをたどっていこう。

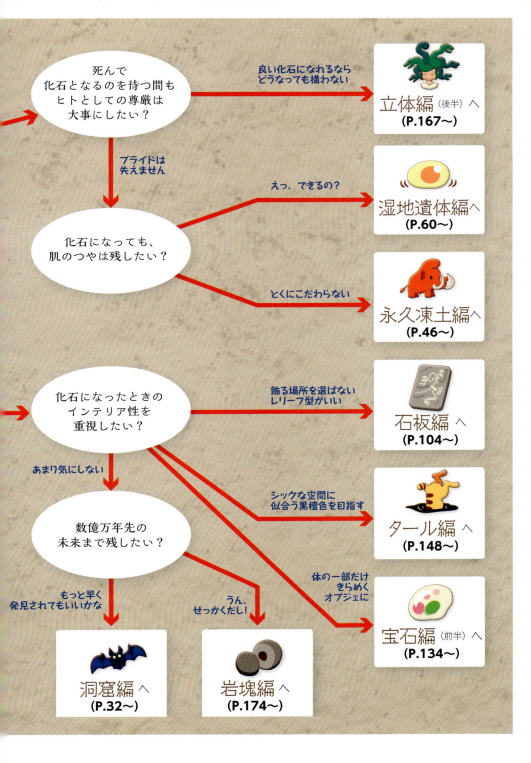

Contents

はじめに —— 2
あなたにぴったりの化石診断 —— 4

1 入門編
〜化石化の基本のキ〜

そもそも「化石」って何？ —— 10
そもそも"化石になる"のは合法なのか？ —— 16
いかに死すべきか？ 何がNGか？ —— 20
「化石鉱脈」という"最適地" —— 29

2 洞窟編
〜人類化石実績No.1！〜

良質人類化石が洞窟から見つかる —— 32
ヒトだけじゃない！ —— 35
洞窟が"良質物件"となる理由 —— 39
壁画でメッセージを —— 43

3 永久凍土編
〜自然の"冷凍庫"で〜

肛門の蓋まで残る —— 46
"最後の晩餐"も残る —— 49
冷凍庫に長期保存したシチュー —— 52
全身が埋没しないと大変だ —— 56
敵は温暖化 —— 58

④ 湿地遺体編
〜ほどよい"酢漬け"で〜

まさに今、死んだかのように ──60

脳も残るが…… ──67

酢に漬けた卵のように ──70

湿地遺体をいかに"保存"するか ──73

⑤ 琥珀編
〜天然の樹脂に包まれて〜

琥珀の中の恐竜化石 ──76

昆虫も花もきれいに残る ──79

琥珀に包まれるということ ──84

⑥ 火山灰編
〜鋳型として残る〜

ローマ時代の"実績" ──90

毛先の剛毛、雄の生殖器、子連れの"リード" ──94

本体は残らない、その覚悟が必要だ ──98

⑦ 石板編
〜建材やインテリアとしても有用〜

保存が良い化石の産地といえば…… ──104

最後の"あがき"を残す ──109

無酸素の礁湖で…… ──114

建材として残る ──116

8 油母頁岩編
〜プラスチック樹脂できれいに保存〜
最後の晩餐が"細胞レベル"で残る ——120
胎児、そして"営み中"の化石 ——126
石油を残す無酸素環境で ——129
乾燥厳禁。"新鮮"なうちに樹脂加工を ——132

9 宝石編
〜美しく残る〜
赤や青、緑に輝く ——134
乳白色の輝きをあなたに ——137
愛した樹木を残す ——142
黄金の輝きの中で ——144

10 タール編
〜黒色の美しさ〜
ブラック・サーベルタイガー ——148
ミイラ取りをよぶミイラ ——150
コラーゲンが残る ——154

11 立体編
〜生きていたときの姿のままで〜
"今、釣ってきました" ——156
メデューサ・エフェクト ——162
顕微鏡サイズではまるっと残る ——167
ポイントは"汚物溜め" ——171

12 岩塊編
〜岩のタイムカプセル〜
化石を保存する岩塊 ──174
さまざまなコンクリーションたち ──176
意外と早くできる? ──181
泥パックで沈む ──185

? 番外編
〜再現不能の特殊環境?〜
硬軟ともに保存率高し ──188
遠くに運ばれながらも…… ──194
神経も脳も残る ──197
当時の独特の環境が…… ──199

! あとがきにかえて
〜もしもあなたが後世研究者だったら〜
残ってほしい部位は「頭部」──202
ルーシーの"ミス・リーディング" ──203
"余計なこと"はしないでほしい…… ──206

参考資料 ──208
索引 ──217
学名一覧 ──223

入門編

～化石化の基本のキ～

そもそも「化石」って何？

　死んだら化石になりたい。

　そんなふうに考えたことはないだろうか？　博物館に飾られている恐竜の骨格標本を見て、「ああ、死んだらあの隣に飾ってもらうのもいいかもしれないな」と思ったことは？　あるいは、自分の大切なものを化石にして、のちの人類（もしくは別の知的生命体）に発掘してもらおうと思ったことは？

　……えっ、そんなの考えたこともないって？　本当に!?　そんなあなたも、どうか本を閉じるのをもう少し待ってほしい。少なくともこの入門編を読み終えるころには、自分が化石になったところを想像してわくわくしているはずだ。

　化石になる過程を研究する、そんな学問が古生物学の一分野として存在する。古生物の化石を研究するうえで、「どのようにしてその化石ができたのか」を知ることは、重要なポイントだ。古生物学全般の「基礎」となるその学問の名を、タフォノミー（Taphonomy）という。

　どうせ化石になるなら、ここはタフォノミーの世界に一歩踏み込んで、自分の思い描いたとおりの化石として残ってみようではないか。

　さて、あなたがイメージする「化石」とはどのようなものだろう？

たとえば、あなたの骨格を、恐竜の全身復元骨格の隣に飾りたいとする。もしもそうであるならば、死後に骨を組み立てるだけでいい。いわゆる「骨格標本」である。学校の理科室によくあるアレだ。

01
ハツカネズミの透明標本
透明標本は、軟組織を透明化し、硬組織を染色してつくる骨格標本。骨の位置や関節のようすがよくわかる。……だが、化石ではない。
Photo：Iori Tomita

　透明標本01になるという手もある。化学薬品処理によって、筋肉やそのほかの軟組織を透明化し、硬組織を染色してつくる標本だ。経験をもつ"技術者"の腕にかかれば、眼球などの軟組織の色を"染め分ける"こともできる。長期的に保管するには、温度管理を徹底するなど、それなりの体制づくりが必要になる。とはいえ、それはそれは美しい標本ができあがるだろう（筆者はヒトサイズの大型透明標本を見たことはないが……）。

　私のイメージする化石は、そんなモノではない。そう思って本書を閉じそうになっている方もいるのではないだろうか。

　ごもっとも。だって、理科室のアレや、透明標本は化石ではないのだから。

　では、「化石」とは何なのか？

　漢字で「石」に「化」けると書くのだから、化石は石のようにカチコチになったもの。そう思っている方はいないだろうか？

　たしかに、化石になった樹木のなかには、叩けばキンキンと金属音に近い音を出すものもある。骨化石のなかにはずっしりと重く、まるで鈍器のように硬いぶっそうなものもある。

　しかし、たとえば葉の化石02などには、石のような硬さ

02
葉の化石
細部まで保存されたシダ植物シノブの化石。栃木県那須塩原市産。木の葉化石園所蔵標本。硬くない。
Photo：オフィス ジオパレオント

はない。ほかにも触ればボロボロと崩れるような樹木の化石や、ぐずぐずと壊れやすい骨の化石などを見かけることもある。生きていたときはカチコチだったはずが、ちょっとつつくだけで割れるほど脆くなった二枚貝の殻の化石もある。「化石」は必ずしも「石のように硬い」わけではないのだ。

03 冷凍マンモス
ケナガマンモス「YUKA」。いわゆる「冷凍マンモス」の標本。幼体。長い毛もよく残っている。シベリア産。硬くない。

Photo：アフロ

04 虫入り琥珀
約1億年前の昆虫を内包した、長径1.5cmほどの琥珀。昆虫化石は、触覚や肢などの細かい部位も残りやすい。ミャンマー産。琥珀自体は一定の硬度をもつものの、中の昆虫化石は硬くない。

Photo：ふぉっしる

　そもそも、日本語では「化石」という字を使うものの、英語の「fossil」に「石」という意味はない。語源はラテン語の「fossilis」で、「掘り出されたもの」という意味だ。そう考えれば、必ずしも石のように硬い必要はない。シベリアの永久凍土から見つかった冷凍マンモス[03]や、琥珀の中に閉じ込められた昆虫たち[04]など、一見して石のようで

13

05
珪化木
2億5000万年以上前のブラジルに茂っていた、植物の幹の化石ティエテア(*Tietea*)の断面。カチコチに硬い。

Photo:オフィス ジオパレオント

はない標本も、れっきとした「化石」である。

　ちなみに「石に化ける」という文字から連想されるカチコチの化石だって、必ずしも生前とちがう化学成分に化けたわけではない。たとえばアンモナイトや三葉虫の殻の化石は、多くの場合、生きていたときと同じように炭酸カルシウムを主成分とする。脊椎動物の骨化石の主成分も、たいていは生きていたときと同様にリン酸カルシウムである。こういった化石がカチコチにかたまっているのは、骨や殻の内部にある大小の隙間に、地層中の化学成分がみっちりと詰まっているからだ。

　一方で、いわゆる珪化木[05]のように、主成分が変化して化石になるものもある。

06
恐竜の足跡
アメリカ、アリゾナ州で確認された恐竜の足跡。これも立派な化石である。

Photo：Mark Higgins / Dreamstime.com

　では、再び問おう。「化石」とは何なのか？

　困ったときは事典を開くとしよう。日本古生物学会が編集した『古生物学事典 第2版』の「化石」の項には、「地質時代の生物（古生物）の遺骸および生物がつくった生活の痕跡」と書かれている。

　この「生物がつくった痕跡」には、足跡[06]や巣穴、糞などが該当する。あなた自身が化石にならなくても、あなたが生きていた痕跡が残れば「化石」とよばれるのだ。

　また、「生物」と限定されている以上、人工的なものは

数千年前のヒト（おもに富裕層）の遺体。さまざまな防腐処理のもとに保存されている。化石ではない。

含まれないことになる。土器や石器などの道具は、いかに古い地層から発見されようと「化石」ではない。

ちなみに、土器や石器は「考古遺物」だ。あるいは単純に「遺物」ともいい、古生物学ではなく考古学の研究対象である。人類の遺骸の場合でも、文明成立以前のものは化石であり、文明成立以後の場合は化石として扱わないことが多い。わかりやすい例を挙げれば、ネアンデルタール人の骨は化石だが、古代エジプトのミイラは化石ではない。この原則にもとづくと、あなたが文明人である以上、「化石になりたい」といっても、定義上は考古遺物になるだけかもしれない。それでは元も子もないので、本書では次のように定義を変えよう。あなたがこれから「化石として残したい」と思っているもの（あなた自身を含む）については化石として扱い、古生物学的な考察の対象になるものとする。

そもそも"化石になる"のは合法なのか？

日本の法律についても触れておきたい。たとえあなたが「化石になりたいから、死んだ後にこういう対応をよろしくね」と遺書に残したとしても、どうやらいくつものハードルがありそうなのだ。

化石になるためには、死んだ後に地中に埋まる必要があるが、日本には「墓地、埋葬等に関する法律」なるものが存在する。私たちがただ「地中に埋まる」ことについて、ことこまかに言及した法律だ。

とくに第2章「埋葬、火葬及び改葬」の第4条にある、次の1項に注目したい。

・埋葬又は焼骨の埋蔵は、墓地以外の区域に、これを行つてはならない。

骨壺の中にこうして保存されてしまうと、化石になりようがない。そもそも化石になる際に、火葬は厳禁だ。

　この一文が、「化石になる」ことをおおいに制約している。どうせ埋まるなら、好きな場所や、化石になりやすい場所に……とだれしも考えるだろう。けれども日本においては、自分の埋まる場所を意のままに選ぶと、違法行為になってしまうのだ。
　いわゆる「墓地」に埋めるにしたって、現代の日本では直接地中には埋められず、火葬ののち、骨壺に入れられることが多い。このような状態で、墓石の下の、石やコンクリートでできたスペースに納められてしまっては、化石になりようがない。
　ここで、「散骨はどうなのだ」と思われた方もいるかもしれない。海や山などに、焼いたあとの骨をまく"埋葬法"だ。自然の中に骨をまくことができるなら、埋めることもできそうなものである。
　ところが、散骨というのは微妙なお話なのである。文字どおりに「骨をまく」という行為は、墓地、埋葬等に関する法律だけではなく、刑法第24章第190条に抵触する可能性がある。その条文は次のようなものだ。

・死体、遺骨、遺髪又は棺に納めてある物を損壊し、遺棄し、又は領得した者は、3年以下の懲役に処する。

　いわゆる死体遺棄等の罪である。

おおう、懲役モノだ。

　あなた自身は死んでいるからいいとしても、協力者に
とってはいい迷惑である。

　ただし、散骨の場合、焼いた骨は徹底的に砕かれ、事実
上「灰」となっているため、刑法の定める「死体」や「遺骨」
などには該当しない……とみなされているようだ。とはい
え、どこにまいてもいいというわけではなく、民法でもさ
まざまな制約がある。もしも散骨をお考えの場合は、よく
調べられた方がいいだろう。

　もちろん、本書読者のみなさまにとっては、「徹底的に
砕かれて、事実上灰となった状態」は検討の対象外だろう。
化学分析にかければヒトの骨であると認識されるかもしれ
ないが、灰は灰であり、原型をとどめておらず……「化石
になりたい」という希望とは遠くかけ離れているにちがい
ない。

　では、「ヒト」でなければどうだろう。本書の担当編集
者は、幼少のころに飼育していたカメが死んだとき、化石
として残せないものか、と悩んだという。動物の場合は、
「ここに埋めたい」と思った場所に埋めることができるの
だろうか？

　残念ながら、法律というものは、結構細かなところまで
定められているものだ。動物の遺骸に関しては、「廃棄物
の処理及び清掃に関する法律」が適用される。動物の遺骸
は「一般廃棄物扱い」（動物を愛する者には許しがたい扱
いである。2匹のイヌを家族としている筆者にとっても、
はなはだ遺憾な表現だ）となる。「動物霊園事業において
取り扱われる動物の死体」は、廃棄物には該当しないとも
されている。

　しかし霊園に埋葬したのでは、化石になることは望めな

い。ヒトと同じように、動物の遺骸も骨壷に入れて埋葬されることが多いからだ。これでは「地中に埋まった状態」にはならない。

　すると、表現としては遺憾であるものの、法律上はやはり「一般廃棄物」として化石にする必要がありそうだ。その場合、公有地や他人の私有地に埋めることは許されない。環境省の通知では、飼い主が「自己所有地への埋葬等」をすることは認めている。ただし、腐敗臭対策をはじめとするさまざまなハードルが存在している。関連webサイトをいくつか調べてみたが、いずれも「大型の動物に関しては現実的には難しい」と表現されていた。

　ちなみに、公有地などに動物の死体を埋めた場合は、軽犯罪法の次の条文、

・公共の利益に反してみだりにごみ、鳥獣の死体その他の汚物又は廃物を棄てた者

に触れる場合がある。動物であっても「ここに埋めたい」「この場所で化石になってほしい」という思惑は実現できないようだ。

　さて、こうしてみると、あなたが「化石になりたい」あるいは「化石にして残したい」と思っても、この国では難しそうである。

　そういうわけで、本書はあくまでも思考実験を楽しむものとして、読み進めていただこう。まちがっても、「実践書」としてはとらえないようにお願いしたい。

　まあ、つまり、こういうことである。

よい子も悪い子も、けっして真似しないでください。

いかに死すべきか？　何がNGか？

　当たり前のことだけれども、化石になるには死なねばならない。

　ヒトに限らず、すべての動物は生きている限り、代謝活動によって、組織が更新されている。骨や殻などの硬組織しかり、皮膚などの軟組織しかり、である。化石とは、まさに「時が止まった状態」であるため、化石になるには、死んで更新作業を止める必要がある。「化石になった自分の姿を見たい！」というのは、「大人になったらティラノサウルスになりたい！」というのと同じくらい……あるいは、それ以上に叶えるのが難しいのだ。

　一般的、あるいは、教科書的な化石誕生のメカニズムとは、次の3ステップである。

ステップ1　死ぬ
ステップ2　遺骸が地中に埋没する
ステップ3　"石化"する

　各ステップをもう少し詳しくみてみよう。

　まず、ステップ1の「死ぬ」だ。

　これは前述したように、生きている限り化石にはならないので、どうしても必要である。

　では、どのように死ぬのがいいだろうか？

　まず、事故死について。詳しくはのちの章で説明するが、実際に化石となっている生物のほとんどは、じつは天寿をまっとうしていない。何らかのアクシデントによる、"非業の死"をとげたものばかりだ。しかし、我々が化石になる、または化石にすることを目指すなら、事故による

化石誕生までの"典型的な"3ステップ

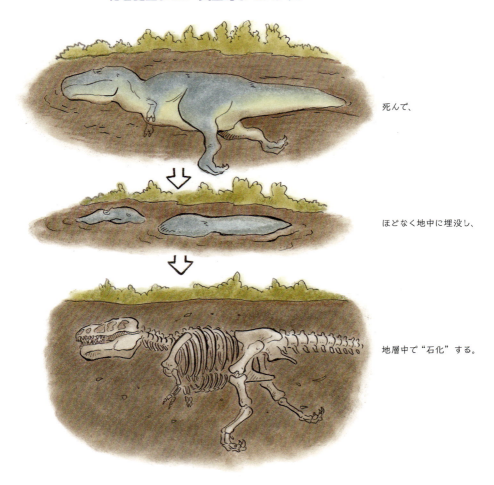

死んで、

ほどなく地中に埋没し、

地層中で"石化"する。

死は望ましくない。とくに交通事故や高所からの落下などの「物理的な事故死」は避けたい。地中に体が埋まる前に体から何らかのパーツが失われてしまったり、変形してしまったり、深刻なダメージを内包してしまったりする可能性がある。後述するが、化石になるための各ステップを考えると、物理的なダメージはできるだけ少ない方がいい。

死後に遺骸が荒らされると、化石として保存される可能性は格段に低くなる。
あぁ、もっていかないで……。

　毒物などによる「化学的な事故死」も、程度によっては内臓や骨に深刻なダメージを与えてしまうかもしれないため、こちらも避けたいところだ。同じ理由で、病気による死もしかりである。
　肉食動物に襲われての死は、事故死以上に遠慮すべきことである。なにしろ、遺骸のたどる運命はただ一つ、その肉食動物の胃の中だ。皮は割かれ、肉は引きちぎられ、骨は粉砕され、胃酸で溶かされる。化石云々の前に、遺骸そのものがほとんど残らない。
　もっとも「後世に研究素材を提供する」という意味では、肉食動物に襲われて死ぬという選択肢もないわけではない。低い確率ではあるが、あなたを襲った肉食動物がすぐに死んで、化石となれば、あなたの遺骸の一部も一緒に残るかもしれない。後世の研究者は、諸手をあげて歓迎してくれることだろう。その肉食動物の生態を探る絶好の機会だからだ。

**07
ティラノサウルスの
コプロライト**
容積2ℓもある糞化石。
内部に、植物食恐竜の
消化されかけた骨片を含
んでいる。硬い。そして、
臭わない。

Photo：the Royal
Saskatchewan Museum

　また、肉食動物に食われ、粉砕されたのちに、その肛門からほかのものとまとめて排出されることを期待してもいいかもしれない。

　そう、うんち（糞）である。動物の糞は化石として残ることがあり、コプロライト07 とよばれる。コプロライトを分析すれば、当時の動物がどのようなものを食べていたかを知る手がかりとなる。

　そもそも糞は、軟組織と同じように化石として残りにくい。ただし、特定の動物が生涯に排泄する量を考えれば、その膨大な量のなかには、化石として残るものもいくつか出てくる。コプロライトとして残りたい（残したい）のであれば、そのわずかな確率にかけることになる。

　こうした"献身的な例"をのぞいて、「やはりできるだけ全身を化石として残したい」というケースでの理想的な死は、事故にも遭わず、病気にもならず、ポックリ逝くことである。

　とくに、骨や歯を化石として残す場合は、健康にも気をつけたい。脊椎動物にとって、体を構成する最も硬いパー

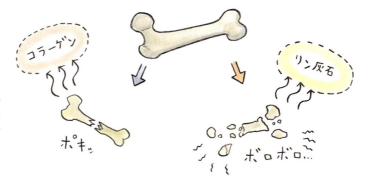

柔軟性に関わるコラーゲンと、硬さに関わる燐灰石。どちらか足りていないと、骨は壊れやすくなる。

ツであり、最も化石として残りやすいのが骨と歯だ。これらは、主に二つの成分で構成されている。タンパク質の一種であるコラーゲンと、燐灰石という鉱物である。

　コラーゲンは骨の弾力性に大きく関係する。コラーゲンが完全に消失すると、骨に弾力性がなくなり、とても折れやすくなる。

　燐灰石は、骨の強度に関係する。仮に燐灰石が失われてコラーゲンだけが残った場合、弾力性はあっても、骨が骨としての硬さを保つことはできない。

　これらの視点をふまえると、生きている間にコラーゲンと燐灰石のバランスがとれた、丈夫な骨をつくっておくことが大切だ。ちなみに、燐灰石の主成分はリン酸カルシウムなので、よくいわれるように、ふだんから十分にカルシウムを摂取しておくといいだろう。

　骨や歯の主成分を考えると、死後の火葬は基本的に避けるべきである。コラーゲンは熱に弱いからだ。火葬されると、コラーゲンは完全に消え去り、燐灰石のみが残ることになる。そうなると骨は脆くなり、化石になるその後のステップで壊れやすくなる。ただし、「火葬」については例外もあるので、それはのちの章で紹介するとしよう。

24　① 入門編

地中に埋まらないと、動物の攻撃を受けなくても自然と壊れていく……。「すぐ埋まること」はホントに大切。

　さて、病気も事故もなくポックリと死に、遺骸が火葬されることもなく"そこにある"という条件がクリアされれば、次のステップは「遺骸が地中に埋没する」ことだ。
　ともかく重要なポイントは一つ、長期間の野ざらしはNGという点である。遺骸が長時間にわたって外界にさらされ続けることは避け、速やかな埋没を目指すべきだ。
　理由はいくつもある。
　一つは、先ほどの「死ぬステップ」と共通するが、遺骸はそのまま肉食動物の餌となるからだ。皮は割かれ、肉は引きちぎられ、骨は粉砕され、ときには体のどこかのパーツだけもち去られてしまう。死んでいるので、もちろん逃げることもできない。この場合、全身を化石として残すことは、諦めるしかないだろう。
　仮に肉食動物がいない場所であっても、たいていは微生物などによって筋肉や臓器といった軟組織は分解され、骨がむきだしになる。骨が野ざらしであれば、雨風による作用を受ける。雨に酸性の成分が含まれていれば、骨は溶かされる。風に砂や泥などの微細な粒子が含まれていれば、それらが叩きつけられることによって骨はしだいに破壊されていく。また、気温の上下が激しい場所では、その温度

25

差も骨にとってよくない。

　これらの破壊作用から骨を守るためには、速やかに土に埋もれなければならないのである。

　ちなみに、自然界の動物が、どのくらいの割合で死後に「埋没」までこぎつけられるか、については、ロナルド・E・マーティン著の『Taphonomy: A Process Approach』で1980年代の研究が紹介されている。この研究によると、ある脊椎動物の遺骸が250頭分あったとして、肉食動物による破壊をまぬがれるのは150ほど。のちに雨風の作用を避けて地中に埋もれることができるのは50ほどとのことである。すなわち「5分の1」の確率だ。多いように感じるかもしれないが、これはあくまでも「体の一部でも残ればいい」という考え方での計算だ。一つの個体においてどれだけの骨が残るかという視点では、その個体に152の骨があったとして、無事に埋没までたどりつけるのは、わずかに8であるという。多くの場合において、遺骸は全身まるごと保存されるわけではないのだ。

　ちなみに、無事に埋まることができたとしても、けっして油断はできない。地殻変動によって、地層は曲がることがあるし、ときには割れて分断される。その意味では、火山活動や地震活動とはあまり縁がない地域、たとえば、大陸の内陸部などが、“埋もれる場所”としてはおすすめだ。

　さあ、最後のステップ“石化”である。石化、というと、まるでギリシャ神話の怪物に睨まれでもしたようなものいいだ。しかし、化石は必ずしも硬いものでないこと、硬くなる場合でも、主成分が変わらないケースもあることは冒頭で述べたとおりなので、少々語弊のある言葉である。

　化石になるための“石化”は、すなわち、地中で受ける作用によるものだ。圧力や熱、周囲の地層の化学成分など、

26　　①入門編

森林地帯で分厚い土壌の下にあれば、化石は見つかりにくい。どんな名犬を連れていても限界があるだろう。

さまざまな影響を受けながら、化石は仕上がっていく。

　無事に化石となったら、今度は速やかに発見され、ヒト（などの知的生命体）の手で安全な場所に保存されることが理想的だ。何より、せっかく化石になったのに、だれの目にも触れることがなければ"なり損"である。

　化石が発見されるためには、その化石を内包した地層が

27

地層から露出した瞬間から、風雨による"攻撃"にさらされる。早めに発見され、採集・発掘されることが重要となる。ハヤクミツケテ……。

露出していないといけない。

　一般に、植物が生い茂る森林地帯などでは、土壌に覆われているせいで地層が見えず、化石探査そのものがなされにくい傾向にある。

　逆に、土壌が薄い場所、たとえば荒野のような地域や、土壌が流されて地層が露出する沢や川、海岸などの方が化石は見つかりやすい。

　もっとも、「化石が見つかりやすい」は「化石が壊れやすい」とほぼ同義である。地層から露出した化石は、風雨による破壊作用に直面する。そのため、地層から露出した時点で、可能な限り早く発見されなければならない。いくら荒野の方が見つけてもらいやすいとはいっても、民家や隊商路などから離れ、あまりにも人気のない場所を選ぶのは、かなりの博打である。

　このように、埋まる場所もよくよく考える必要があるのだ。もっといえば、現時点だけを考えるのではなく、将来、その地域の環境がどのように変化するかをよく予測しておく必要がある。

「化石鉱脈」という"最適地"

　せっかく化石になるのなら、できるだけ"良質な化石"になりたいものである。つまり、可能な限り全身まるっと。筋肉や内臓なども残っていれば、化石としての希少価値も上がるだろう。

　ただし、体が大きな生物ほど、全身の化石が残りにくい傾向にある。たとえば全長30mをこえる恐竜、アルゼンチノサウルス（*Argentinosaurus*）の場合、化石で見つかっている部位は、数個の脊椎などのほんの一部だ。肉食恐竜の代名詞として知られる全長12mのティラノサウルス（*Tyrannosaurus*）の化石では、これまでに約50体の標本が公式に報告されているにもかかわらず、全身の保存率が6割をこえるものは少ししかない。8割をこえるものに至っては皆無である。樹高数十mもあるような巨木の化石も、たいていは一部分しか残っていない。こうした動植物は、発見されている部位と近縁種の情報をかき集めて、全体の大きさを推測しているのである。

　一方、顕微鏡を用いなくては見えないような小さな小さな化石は、ほぼ全身が残っているものが多く、微小な凹凸まできれいに保存されているものも少なくない。そのすばらしさについては、のちの章にて改めて紹介する。

　なぜ、体が大きな生物ほど化石に残りにくいのか。それについては、さまざまな理由が挙げられるだろう。

　大きければ、遺骸がほかの動物に見つかりやすく、攻撃を受けやすい。地中に埋没するのにも時間がかかるので、全身が埋もれきる前に、風雨による損壊を受けてしまう。

　さらに、大きなものほど、地中で壊されやすい。地層が割れてずれれば裁断され、地層が曲がれば圧迫による変形

につながる。小さければやりすごすことができる地殻変動も、大きければ大打撃を受けることになる。

地表に露出したあとも、発見されるまでの間に少しずつ風雨や河川などによって削られていく可能性がある。

また、先ほども少し述べたが、筋肉や内臓などの軟組織は、骨や歯、殻などの硬組織と比べると化石に残りにくい。たいていは化石になる前に生物による分解を受けるからだ。

1980年に刊行された『Fossils in the Making: Vertebrate Taphonomy and Paleoecology (Prehistoric Archeology and Ecology series)』では、ケニアのツァヴォ国立公園に放置された、ゾウの死骸のケースを紹介している。バクテリアと無脊椎動物によって、まず2週間で筋肉と内臓のすべてが失われ、その後、3週間以内に皮と靱帯が食い尽くされたという。このとき、皮と靱帯を食した無脊椎動物は「カツオブシムシ」とよばれる小さな甲虫類だった。

同書によると、カツオブシムシによる"処理"は1日8kgのペースで進んだという。生きていたら絶対に不健康なダイエットスピードだが、「骨と歯だけを残す」ことを考えると、これほど心強いものはない。

ちなみに骨格標本づくりの世界でも、カツオブシムシはごく一般的に用いられる。化学薬品を使わない自然な形で、動物の遺骸から軟組織を取り去ることができるからだ。もしもあなたが、軟組織をきれいすっかり除去してから化石になりたいと考えているのなら、覚えておいて損はない。

さて、軟組織ほど化石に残りにくいことを説明したが、何にでも例外は存在する。

軟組織が残されており、場合によっては死の直前に食べ

甲虫類カツオブシムシは、1日8kgペースで軟組織を分解していく。タンスの中で衣類を食い荒らす害虫でもあるので、取り扱い注意。なお、名前のとおり鰹節も食べる。

ていたメニューも知ることができるほど保存の良い化石
が、ある特定の地層から見つかることがあるのだ。さらに
いえば、軟組織だけでなく、全身の保存にもすぐれた化石
が世の中には存在する。こうした、良質な化石の出る地層
のことを「化石鉱脈」という。

　もしも、あなたが化石として残りたいのであれば、ある
いは、あなたの大切な"何か"を化石として残したいので
あれば、化石鉱脈の条件こそが重要なヒントとなるだろ
う。本書では、良質な化石産地や化石鉱脈を紹介し、そこ
でどんな化石がどのように残っているかを解説していくの
で、ぜひ参考にしてほしい……重ねて書いておきますが、
「思考実験」として、ですよ。

　さあ、「死んだら化石になりたい」というあなた。残し
たいのは、どのような化石だろうか？
　生きているそのままの姿を皮付きで残したいのか？
　それとも骨格だけを残したいのか？
　のちに発見・発掘した人類（とは限らないかもしれない
生命体）へ向けた、何らかのメッセージと共に残したいの
か？
　ページをめくりながら、検討を重ねてみてほしい。

2 洞窟編
〜人類化石実績No.1！〜

良質人類化石が洞窟から見つかる

　何ごとにおいても過去の成功例、実績の検証は大切だ。あなたが化石になりたいというのであれば、まずは実際に見つかっている人類化石に注目してみよう。

　近年に発見された保存の良い人類化石としては、2015年9月に南アフリカ共和国、ウィットウォーターズランド大学のリー・R・バーガーたちが報告したホモ・ナレディ（*Homo naledi*）がある。南アフリカ共和国北部にあるライジング・スター洞窟から、1500点をこえる化石[01]が発見されており、1人分の全身骨格と、少なくとも14人分の部分化石を含むという。

　ホモ・ナレディの全身骨格は、肋骨などが一部なくなってはいるものの、頭の先から足の先までのほぼすべてがそろっている。「"全身"骨格なんだから当たり前では？」と思うかもしれないが、人類の1個体の骨格がこれほど残っているのは、じつは珍しいことなのだ。

　バーガーたちの分析によると、ホモ・ナレディの頭や手、脚などには、現生人類と同じグループであるホモ属の特徴が認められる。一方で、肩や骨盤などには、より古い時代の人類であるアウストラロピテクス（*Australopithecus*）に近い特徴がみられるとのことである。こうした特徴から、「新種のホモ属」とみなされて、学名がつけられたわけだ。ホモ・ナレディが本当に新種の人類なのかどうかについて、人類学の分野では興味深い議論が展開されている。

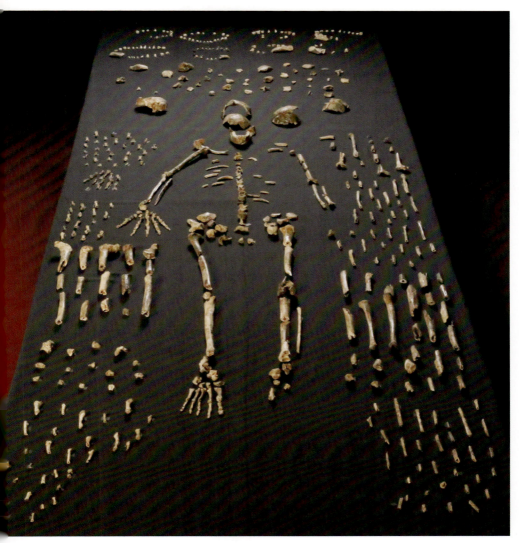

01
すばらしき保存
ライジング・スター洞窟に保存されていた人骨化石。各部位がここまで保存されることはかなり珍しい。

Photo：John Hawks / the University of the Witwatersrand, Johannesburg

　しかし、本書で注目すべきはそこではない。全身がしっかりと保存されていたという、その１点に尽きる。
　ホモ・ナレディの化石が発見された洞窟については、『ナショナル ジオグラフィック』2015年9月号で詳しく報じられている。洞窟の奥行きは100m。途中、高さ25cmに満たないポイントや、サメの歯のように鍾乳石や流華石が突出

するポイントをくぐり抜け、長さ12mにもおよぶ縦穴を下りていくと、その先に、奥行き約9m、幅約1mのスペースがある。そして、その一面に、ホモ・ナレディの骨が転がったり埋もれたりしていたというその場所に行き着くまでの道程があまりにも狭いため、バーガーたち男性研究者は奥に進むことができず、発掘は細身の女性研究者が担当したとのことだ。

なぜ、そんな難儀な場所に大量の人骨があったのかは謎である。もともと洞窟の入り口近くにあった遺骸が、豪雨などで流れ込んできた大量の水に流され、洞窟の奥まで運ばれたのではないか、という見方もある。しかし、水流が遺骸を運んだのであれば、入り口付近の小石なども一緒に運ばれているはずだ。しかし、ホモ・ナレディの化石のそばには、それが見つからなかったというのである。

もう一つ、良質な人類化石の例を挙げておこう。1997年、南アフリカ共和国北東部のスタークフォンテン洞窟から、保存率90％をこえるアウストラロピテクス属の化石[02]が見つかっている。「90％」という数値は、人類化石としてはかなりの保存率だ。この化石は、流華石や角礫岩などに覆われていたという。

この２例に共通するのは、化石のあった洞窟が石灰岩でできているという点である。ちなみに、鍾乳石や流華石も、

ライジング・スター洞窟の断面イメージ。『ナショナルジオグラフィック』2015年10月号を参考に制作。

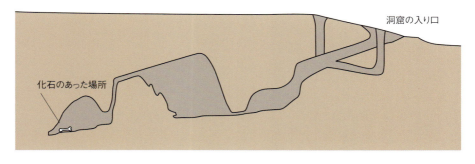

洞窟の入り口

化石のあった場所

34　２ 洞窟編

02
石灰岩質の岩に
スタークフォンテン洞窟で発見された人類化石（左）は、石灰質の岩に覆われていた（右）。

Photo:（左）Ron Clark（右）Laurent Bruxelles

ともに石灰質でできた石だ。南アフリカ共和国には、こうした石灰岩質の洞窟がいくつもあり、内部に多数の人類化石が保存されていることで知られている。こうした洞窟を含む地域一帯は、「南アフリカの人類化石遺跡群（Fossil Hominid Sites of South Africa）」として、ユネスコの世界文化遺産に指定されている。

ヒトだけじゃない！

　洞窟から見つかる化石は、人類のものだけではない。
　典型的な例として、「ホラアナ」の和名（英名であれば、Cave）をもつ動物たちの化石がある。
　たとえば、今から約1万1000年前に絶滅したホラアナグマ（*Ursus spelaeus*）だ。とくにヨーロッパの北部に分布する洞窟から化石が多く見つかる。頭胴長は2mほどで、現在の北海道に生息するヒグマに近い体格のもち主である。ただし、ヒグマと比べると頭骨が大きく、足が短めだ。

35

03　人類だけじゃない
「ベア・ケイブ」からは、ホラアナグマの良質化石が多産する。
Photo：Horia Vlad Bogdan / Dreamstime.com

　ホラアナグマは、あまりにも多くの化石があちこちの洞窟から見つかるため、研究者といえどもその実態を把握しきれていない。たとえば、ルーマニア、エミール・ラコヴィタ洞穴学研究所のカユース・G・ディートリッヒによる2005年の報告によると、ドイツ北西部のペリック洞窟群だけでも2404個のホラアナグマの化石が見つかっているという。ちなみに"2404個"は骨の総数で、個体数は不明だ。また、ルーマニア西部の「ベア・ケイブ」には、140をこえるホラアナグマの化石[03]があったという。

　アメリカ合衆国国立公園局のゲイリー・ブラウンが著した『The Great Bear Almanac』によると、ホラアナグマの化石はかつてユニコーンやドラゴンの骨として扱われ、商業的に採集されていたことがあるという。つまり、洞窟にあった化石の相当数がすでにもち出されている可能性があり、もともとの数はもっと多かったかもしれないのだ。

　なぜ、これほどまでにたくさんのホラアナグマの化石が、洞窟から見つかるのだろうか？

　ブラウンは、ホラアナグマが洞窟をすみかとしていた可能性を指摘している。また、若い個体や年老いた個体の化

36　② 洞窟編

ホラアナグマのなかには、冬眠中に死を迎えてしまったものもいたかもしれない。

石が多かったことから、冬眠中に寒さや病気などによって死んでしまった、という見方を紹介している。ほかの肉食動物に襲われたのではなく、また落石などの物理的な事故による死でもない。いわば自然死に近いため、化石がよく残っているのである。

　名前に「ホラアナ」を冠するのは、ホラアナグマだけではない。ホラアナハイエナ（*Crocuta spelaea*）という哺乳類の化石も発見されている。こちらは現生のハイエナの仲間とよく似た姿のもち主で、頭胴長は約1.5mだった。

　さらに、ホラアナライオン（*Panthera spelaea*）という動物もいて、ホラアナグマやホラアナハイエナと同時代、同地域に生息していた。頭胴長2.5mほどのネコ類で、姿かたちは現生のライオンとよく似ていた。ただし、現生ライオンのようなたてがみや尾の先の房はもっていなかったとみられている。「そんなことがわかっているなんて、もしかして毛の化石が残っているの？」と考えた鋭いあなた……残念ながらそうではない。フランスのラスコー洞窟に、当時の人類が描いたホラアナライオンの壁画が残されており、そこにたてがみや尾の房の描写がなかったのだ。

　ホラアナグマ、ホラアナハイエナ、ホラアナライオンの化石は、同じ洞窟から見つかることがある。しかし、ホラアナハイエナとホラアナライオンの化石の産状は、ホラア

ホラアナグマとホラアナライオン、ホラアナハイエナは洞窟の中で思いがけなく遭遇し、戦い、敗北者が化石となったのかもしれない。

ナグマとは異なる。

　2009年のディートリッヒの研究によると、ホラアナハイエナとホラアナライオンは、洞窟で暮らしていた可能性はあるが、彼らにとって（とくにホラアナライオンにとって）洞窟はすみかというよりは、「狩り場」だったのではないか、とのことである。すなわち、洞窟の奥の方で暮らすホラアナグマなどを狙って、洞窟に出入りしていたというわけだ。実際、ある洞窟におけるホラアナグマの化石の41%に、ホラアナハイエナの噛み跡が確認できたという。ただし、化石が見つかるということは、そこで死んだ可能性があるということだ。彼らはホラアナグマを襲撃したものの、返り討ちにあったのかもしれない。

　さらにもう一つ例を挙げよう。オーストラリア北部のリバースレー地域にある、有名な化石産出地「ラッカムのねぐら洞窟」だ。そこは、かつて石灰岩の洞窟があったとみられる場所で、約500万〜300万年前に生きていた動物の化石が大量に見つかっている。

　「かつて」と述べたように、ラッカムのねぐら洞窟は、現在は洞窟ではない。長い年月によって崩落し、今はその痕跡があるのみだ。その崩落した岩石の中に、大量のコウモリの化石があった。

通常、コウモリのような飛行動物は、骨が軽くなっていて壊れやすく、化石としてとても残りにくい。そのため、コウモリの進化については、いまだ謎が多い。

　そんなコウモリの骨が、ラッカムのねぐら洞窟のあった場所からは大量に発見されているのである。これもまた、「洞窟」という条件が化石の保存につながった例といえるだろう。

　さて、動物化石が残っていたこれらの洞窟は、ほとんどが石灰岩でできたものだ。先の項で紹介した、人類化石の保存されていた洞窟と同じである。

洞窟が "良質物件" となる理由

　なぜ、石灰岩でできた洞窟で、保存の良い化石が多く見つかるのだろうか？

　まず、さまざまな種類の洞窟があるなかで、石灰岩でできた洞窟の割合が、そもそも多いことが挙げられる。絶対数が多ければ、見つかる化石の数も多いというのは道理である。

　石灰岩という岩石は、50％以上の成分を炭酸カルシウムが占め、酸性の液体に溶けやすい。それも、大気中の二酸化炭素が溶けた程度の、弱い酸性の雨水であっても溶けるのだ。

　地表に降った雨水が地下を流れると、石灰岩の地層が溶かされ、その内部は複雑な地形の洞窟となる。世界には総延長が300kmをこえる石灰岩洞窟もあるらしい。日本においては、北海道から沖縄に至るまでの全国各地に石灰岩洞窟が確認されている。いわゆる鍾乳洞[04]もこうした石灰岩洞窟の一つだ。

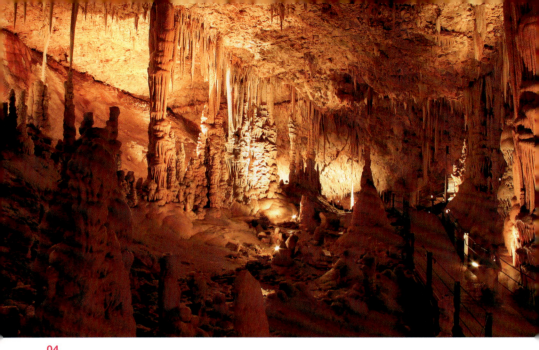

04
化石の保存に最適!?
鍾乳洞は、比較的"簡単"にできる洞窟の一つ。しばしば化石保存の"良質物件"となる。

Photo : Rostislav Glinsky / Dreamstime.com

　ところで、石灰岩以外の洞窟では、良質な化石は見つからないのだろうか？　2003年に刊行された『第四紀学』では、次のように言及されている。

　たとえば、海岸にできる「海食洞」。これは、波がぶつかることで、岩盤中の比較的やわらかい部分が侵食されてできる洞窟だ。構成している岩石の種類はさまざまだが、いずれも石灰岩洞窟ほど奥行きが深くないという特徴がある。奥へ行くほど波の力が弱くなり、岩盤が削られなくなるためだ。

　海岸地域は潮の干満によって水位が変わり、海食洞は満潮時には完全に沈むことも少なくない。水没したり、洞窟の奥まで波がやってきたりすることを考えると、人類を含めた陸上脊椎動物のすみかとして適しているとはいえない。「たとえそれらの遺骸や遺物があったとしても、波で流されてしまう」と、『第四紀学』では指摘している。化石になるうえで、海食洞は適当とはいえまい。

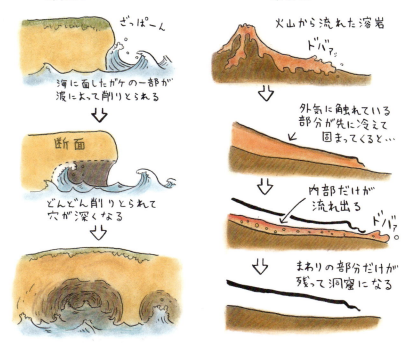

　次に、「溶岩洞」である。地表に流れ出た溶岩は、外側の方が先に冷えてかたまる。そこから、まだ高温で流動性がある内部の溶岩が流れ出て、中が空洞になることがある。溶岩洞は、そうしてできた洞窟だ。『第四紀学』では、「このようなタイプの洞窟では、人類の化石や遺物、脊椎動物の化石骨が産出することは稀である」と指摘している。そもそも動物のすみかに適さないということだろう。

　さて、保存の良い化石となるためには、「速やかに埋まる必要がある」と入門編で述べた。それは、腐敗による分解や雨や風による風化を避けるためであり、肉食動物に襲われることを避けるためでもあった。

　洞窟という場所で死ぬことは、実質的に速やかに埋まったも同然である。雨や風から遺骸は守られるし、とくに深

41

部であれば、その影響はほとんどない。

　また、洞窟内の構造が複雑になっていることも重要だ。先ほど紹介したディートリッヒの報告では、とくにネコ科の肉食動物は、洞窟の入り口が多少狭くても、内部に入りこんでいたことが指摘されている。入り口から近い場所では肉食動物に襲われる可能性がある。しかし、難所を通り抜けないと行けないような奥まった場所では、その危険は減るだろう。本章冒頭で紹介したホモ・ナレディのライジング・スター洞窟は、まさにその好例だ。

　この、「洞窟である」「内部構造が複雑である」という条件を両方兼ね備えている洞窟こそが、石灰岩洞窟である。化石になるうえでは、非常に優れた"物件"といえよう。

　石灰岩洞窟には、ほかにも大きな利点がある。アメリカ、カリフォルニア州立大学のロバート・H・ガーゲットは、著書『Cave Bears and Modern Human Origins』のなかで、石灰岩の「pH（水素イオン濃度指数）」に注目している。

　理科の授業で習った方も多いだろう。pHとは「酸性」「アルカリ性」の程度を表す指標だ。おおむね0から14の数値で表現され（小数点以下も使われる）、「7」を基準として、それよりも小さければ酸性、大きければアルカリ性となる。数字が小さいほど「強い酸性」で、大きいほど「強いアルカリ性」を示す。ちなみにジャスト「7」は中性である。

　脊椎動物の骨は燐灰石でできており、燐灰石の主成分はリン酸カルシウムである。カルシウムは酸性の液体に弱く溶けやすい。逆にいえば、アルカリ性の環境下では保存されやすくなる。

　石灰岩洞窟は酸性の地下水によってつくられるが、石灰岩洞窟に存在するすべての水が酸性とは限らない。石灰岩はカルシウムを多く含み、そのカルシウムを含む水はアル

カリ性となりやすいからである。そうした環境により、石灰岩洞窟では骨が保存されやすいのだ。さらに、スタークフォンテン洞窟の例のように、石灰岩洞窟で生成された水が、骨を"優しく"包んで流華石をつくる場合もある。"アルカリ性の水と石"が化石を保護するわけだ。

洞窟の中で、水に包まれて眠る。題して"石灰岩洞窟のオフィーリア"。シェークスピアの悲劇のように詩的なイメージだ。これで"アルカリ性の水と石"によるきれいな保存が期待できる……かもしれないが、軟組織は消えていくだろう。

　ただし、注意しなくてはならない点もある。アルカリ性の環境は、軟組織をいち早く分解する。すなわち「残されるのは骨だけ」ということになる。もしもあなたが、外皮や内臓などを残したいのであれば、石灰岩洞窟は向いていない。

　そして、石灰岩洞窟は崩落しやすい。すでに紹介した例でいえば、コウモリ化石が多数残されていたラッカムのねぐら洞窟は、「洞窟としての原型」を今日に残していない。洞窟が崩落したときに、化石が十分に保護されていなければ、衝撃で粉砕されてしまう可能性もある。実際、ラッカムのねぐら洞窟で見つかるコウモリの骨化石は、断片的なものばかりだ。場所にもよるだろうが、たとえば、数千万年後の知的生命体に発見してもらえるくらいの"長期的な保存"には、石灰岩洞窟は向かないといえよう。

壁画でメッセージを

　石灰岩洞窟に残された化石には悩ましい点がある。「いつのものなのか」が、極めてわかりにくいのだ。

43

多くのケースにおいて、化石の年代値は、化石そのものから算出しているわけではない。年代値を出すためには「放射性同位元素」なるものが必要で、化石自体にはそれが含まれていない（残されていない）ことの方が多いのだ。

　では、いったい何に含まれているのかといえば、最有力は火山性の噴出物である。とくに火山灰だ。たとえば、「この化石は、今から7200万年前から6800万年前のもの」という場合、化石を含む地層の下に7200万年前と測定された火山灰の地層があり、上に6800万年前と測定された火山灰の地層がある。この二つの地層に挟まれているので、「7200万年前から6800万年前のどこかで生きていた（そして死んだ）ものの化石」と推測されるのである。

　さて、賢明なる読者のみなさんは、もう、お気づきだろう。洞窟の中には火山灰は降ってこない。洞窟の外に降った火山灰が、仮に何らかの作用によって内部に運ばれてきたとしても、その間にさまざまな粒子と混ざりあい、年代測定が難しくなってしまう。骨をつくるコラーゲンが残っていれば、そこに含まれる炭素を使った年代測定も可能ではある。しかし、時間が経つにつれてコラーゲンは失われるため、一定以上古い化石になると測定できない。

　いつの生物の化石なのか。

　これは、化石を研究するうえで極めて重要な情報だ。進化について議論したり、ほかの地域との関連性を検証したりするにも、「時間軸」は必要である。せっかく化石になったり、化石を残したりするのであれば、その情報を後世へと残したいところだ。それだけで、あなたの化石はずっと価値が高くなる。ぜひ、後世の研究者のために「いつ死んだのか」を記録として残しておいてほしい。

　そこでおすすめしたいのは、壁画である。なにしろ、

ヨーロッパに残る石灰岩洞窟には、1万年以上前の人類が描いた壁画が残っているという"実績"がある。これを真似しない手はないだろう。

時間軸のほかにも、あなたの性別、生活、仕事がわかる絵などが描かれていると、後世の研究者はさぞ燃えてくれることだろう。何を残すかはあなた次第だ。

文字を書く場合は、後世の研究者が現代語を読めるとは限らないので、できるだけシンプルな文章にすること。それでいて、可能な限りたくさん書いておけば、凡例がたくさんできて解読しやすいだろう。絵の場合も同様に、平易に描くことが肝心だ。

ちなみに、ヨーロッパに残る石灰岩洞窟の壁画には、石器などを用いて壁面を削った「線刻画」と、顔料を使って描かれた「彩色画」がある。顔料には、赤鉄鉱やマンガン鉱などの鉱物のほか、炭なども使われている。ペンキやスプレーなどを利用して描くよりも、実績ある先人たちのこうした手法の方が安心できるというものだ。

洞窟が崩壊しない限り、骨を良く保存し、情報を絵や文字で残すことができる。化石になるための王道を進みたい方に、石灰岩洞窟はおすすめである。

文化を壁画に残すことができれば、後世人類、あるいは、のちの知的生命体も喜んでくれる?

45

化石になりたい 3 永久凍土編
～自然の"冷凍庫"で～

肛門の蓋まで残る

　化石になるなら、骨だけではなく、皮も残したい。内臓も残したい。そんな贅沢な希望をもつあなたには、永久凍土[01]を使った保存がぴったりかもしれない。この方法ならば、埋葬時に着ていた服さえ残る可能性がある。

　永久凍土は、土壌の温度が摂氏0℃以上にならないという"天然の冷凍庫"だ。北半球の陸地の20％を占め、ロシアからアメリカのアラスカまで広く分布している。凍土の厚さは、場所によっては500mをこえるという。

　永久凍土からは、第四紀の生物の化石が産出している。第四紀とは、約258万年前から現在までの期間で、いわゆる「氷河時代」に当たる。地球の気候は冷え込み、氷期・間氷期が繰り返され（現在は間氷期だ）、ときには大規模な氷河が発達した。永久凍土に保存されているのは、そんな寒い時代を生きた動物たちの化石である。そして、その保存はとても良い。

　永久凍土から産出する良質な化石の代表としては、いわゆる「冷凍マンモス」を挙げることができる。

　マンモスとよばれるゾウ類には、複数の種が存在する。そのなかで、「冷凍マンモス」としておもに保存されているのは、成体の肩高が3.5mほどのマンムーサス・プリミゲニウス（*Mammuthus primigenius*）という種だ。ほかのマンムーサス属と比べて、生息域が広範囲にわたることで知られる。ちなみに、日本でも北海道から化石が見つかっている。

01
天然の冷凍庫

シベリアの永久凍土は、土壌の温度が0℃以上にならない。ここには、さまざまな動物が"冷凍保存"されている。

Photo：Aleksandr Lutcenko / Dreamstime.com

マンムーサス・プリミゲニウスには、「ケナガマンモス」「ケマンモス」「マンモスゾウ」などの和名もある。本書では、多くの人に馴染みがあるだろう「ケナガマンモス」というよび名で、話を進めていこう。

ケナガマンモスは、名前が示すように「長い毛」が特徴だ。脊椎動物の化石では、体毛のような軟組織が保存されていることはほとんどない。しかし、永久凍土に保存されていたケナガマンモス[02]には残っていた。

体毛だけではなく、骨格とともに筋肉や内臓、皮膚もしっかりと残った標本が少なくない。絶滅動物の体のつくりは謎に包まれていることが多いが、ケナガマンモスの場合はかなり判明している。

永久凍土に保存されている動物の代表例ケナガマンモス。氷期に生きていた彼らは、脳から毛にいたるまでが"冷凍"された状態で発見されている。

47

02
冷凍マンモス
いわゆる「冷凍マンモス」は、いくつもの標本が見つかっている。これは、幼体の通称"YUKA"。皮膚、毛がよく残っている。

Photo: Mammoth Committee of Russian academy of sciences

03
脳まで残る
永久凍土のすばらしいところは、脳まで保存されることだ。左はYUKAの脳を覆う膜（左）と、それを剥がして見えた脳（右）。

Photo: Kharlamova et al. 2014

　たとえば、ケナガマンモスは現生ゾウ類と同じように長い鼻をもつ。鼻の先端は、現生ゾウ類と比べると下側の幅が広く、上側が突起状になっている。ほかにも、現生ゾウ類より耳が小さいことや、肛門に蓋ができる"弁"があったことなどもわかっている。鼻も耳も肛門の弁も、本来なら化石には残りにくい。たとえ保存の良い全身骨格が見つかったとしても、骨というヒントだけではなかなか想像がつかない特徴だ。

　ちなみに、毛が長い、耳が小さい、肛門に蓋ができる、という特徴は、体温を逃がさないためのものだったと解釈されている。さすが、寒い時代の寒い地域で繁栄していた

48　　③ 永久凍土編

動物だ。こうしたことがわかるのも、体が"まるごと"化石となっているからこそである。

2010年にロシア連邦サハ共和国のユカギルで発見された通称"YUKA"とよばれるケナガマンモスの標本には、脳が保存されていた[03]。日本で開催された特別展「YUKA」のパンフレットによると、脳の組織は一般的に内臓よりもさらに腐りやすいため、化石として残るのは極めて珍しいという。

YUKAが見つかった地域からは、ほかにもウマ（Equus sp.）とステップバイソン（Bison priscus）の冷凍化石[04]も発見されている。2014年にロシア科学アカデミーシベリア部門のゲンナジー・G・ボエスコルフたちが報告した標本だ。ウマは頭部と後半身のみの標本だが、保存が良い。ステップバイソンはほぼ完全体で、「腹の下に足をしまい込んだ"睡眠姿勢"」で見つかった。この姿勢は、ステップバイソンが自然死ののちに保存されたことを示していると、ボエスコルフたちは指摘している。

"最後の晩餐"も残る

YUKAだけが特別な冷凍マンモスというわけではない。同じくサハ共和国のベレゾフカ川の岸辺で20世紀初頭に発見された、通称ベレゾフカ・マンモス[05]もまた、全身がよく残っていたことで知られている。この冷凍マンモスは、頭蓋骨こそむきだしだったものの、そのほかの部位は皮と肉のついたとても保存の良い状態で、舌やペニスも残っていた。こうした器官が化石として保存される例もまた珍しい。

しかも、である。ベレゾフカ・マンモスは、上下の歯の間に植物が残っていた。おそらく、自分が死ぬというそのときになっても、噛み締めていたのだ。……そう思う

49

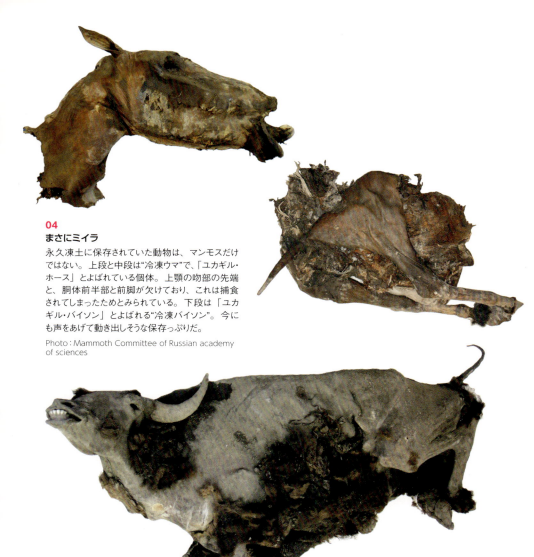

04
まさにミイラ

永久凍土に保存されていた動物は、マンモスだけではない。上段と中段は"冷凍ウマ"で、「ユカギル・ホース」とよばれている個体。上顎の吻部の先端と、胴体前半部と前脚が欠けており、これは捕食されてしまったためとみられている。下段は「ユカギル・バイソン」とよばれる"冷凍バイソン"。今にも声をあげて動き出しそうな保存っぷりだ。

Photo : Mammoth Committee of Russian academy of sciences

と、少し胸が苦しくなる。アメリカ、アラスカ大学のR・デール・ガスリーが著した『FROZEN FAUNA OF THE MAMMOTH STEPPE』によると、それは温帯性の植物であるキンポウゲ属の花だったという。ケナガマンモスが

05
ベレゾフカ・マンモス
冷凍マンモスの代表的な個体の一つ。むきだしの頭蓋骨ばかりが目立つが、そのまわりに皮膚の残った四肢が確認できる。そのほか、生殖器なども残っていた。

Photo：Mammoth Committee of Russian academy of sciences

食べていたもの、そして、その生息域に当時生えていた植物がわかったことは、大きな収穫である。

　ベレゾフカ・マンモスは、胃の中身も確認されている。歯と歯の間に"最後の晩餐"が残っていることは珍しいけれども、冷凍マンモスの胃に内容物が残っているという例は、じつは珍しくない。

　大英自然史博物館のエイドリアン・リスターたちが著した『MAMMOTHS GIANT OF THE ICE AGE』によると、その大半はいわゆる「草（イネ科）」で、ほかにもさまざまなハーブが残っていたという。また、サハ共和国を流れるサンドリン川の岸辺で発見された、通称「サンドリン・マンモス」とよばれる冷凍マンモスの標本では、胃の内容物の9割は草で、残りはヤナギやカバノキといった木の芽などだった。こうした例を見ると、ケナガマンモスの主食は草だったことがよくわかる。

　植物食の古生物において、主食の植物が特定できるケースは珍しい。実際のところ、「植物を食べていた」という

51

以上のことがわかる例は多くないのだ。化石となったその植物食動物が食べていたのは、シダ植物なのか、裸子植物なのか、被子植物なのか。根なのか、茎なのか、樹皮なのか。葉なのか、花なのか、実なのか。そのあたりは、深く言及されないことの方が多い。ベレゾフカ・マンモスやサンドリン・マンモスの情報が、いかに貴重なものなのかがわかるだろう。

　さて、胃の内容物は、その動物が最後に食べたメニューを教えてくれるだけではない。とくにメニューが植物だった場合、現在のデータから「食事をした（すなわち、死んだ）季節」を特定できるのだ。たとえば、ベレゾフカ・マンモスの場合は夏の終わりに、サンドリン・マンモスは夏の初めに死んだといわれている。

　こうした"実績"を考えると、もしもあなたが"最後の晩餐"を化石として保存したいというのであれば、できるだけ「旬のもの」を食べてほしい。現代では、1年を通じて食べられるものが多いけれども、それでは後世の研究者がちょっとかわいそうである。「いつ死んだか」を「季節レベル」で特定できるように、限られた季節にしか食べられない野菜や果物をチョイスしよう。

冷凍庫に長期保存したシチュー

　永久凍土に"捕獲"された動物は、速やかに"氷漬け"になったと考えられている。ただし、ここでいう「氷漬け」は便宜上の言葉であって、実際に氷に覆われているわけではない。あくまでも遺骸のまわりにあるのは、氷点下に冷え込んだ土壌だ。

　そして、永久凍土から発見される化石には、ある共通の

特徴がある。それは、すでに紹介したYUKAや、冷凍マンモスの幼体として知られるディマ06やリューバ07をご覧いただくと一目瞭然だろう。やたらしなびていて、カラカラの状

06
ディマ
冷凍マンモスの代表的な個体の一つ。幼体。全身がよく残るものの、干からびて、肋骨が浮き出ている。上は産状を撮影したもので、下は掘り出されたもの。

Photo：(上) Sputnik / amanaimages　(下) Thomas Ernsting / laif / amanaimages

07
リューバ
冷凍マンモスの代表的な個体の一つ。幼体。ディマほどではないにしろ、干からびていることがよくわかる。

Photo : Sputnik / amanaimages

態である。肌に潤いがあるとはけっしていえない。これが永久凍土に保存された化石の行き着く姿だ。

『FROZEN FAUNA OF THE MAMMOTH STEPPE』によると、この状態は、冷凍庫に長く入れおいたシチューとよく似ているという。冷凍庫にシチューを入れると、最初は少し膨張する。しかし、長期間放置すると、シチューはしだいに脱水し、体積は縮小していくとされる(残念ながら、筆者の自宅の冷凍庫は検証をするだけのスペースがないので、事実は未確認)。同じことが、永久凍土の中で起きていたというのである。

54　③ 永久凍土編

冷凍によって脱水されたシチュー、というと、いわゆる「フリーズドライ製法」がイメージされるかもしれない。カラカラの状態だが、お湯をかけるとおいしく食べられるという、あれだ。

　フリーズドライ製法は、凍らせた食べ物を真空状態に置き、低温状態で水分を瞬時に沸騰させ、乾燥させる製法だ。基本的に、沸騰する温度は気圧に依存し、気圧が低ければ低いほど、低温で沸騰するようになる。学校で習う「水は100℃で沸騰し、水蒸気になる」というのは、あくまでも標高0m地点の気圧に近い場所における話だ。真空は、つまり気圧がゼロの状態なので、水分は低い温度で簡単に沸騰する。

　フリーズドライ製法の場合、水があった場所は空間として残る。そのため、お湯を注ぐとこの空間に水が入り、瞬間的に元の状態に戻る。高温を加えていないため、味、食感、色彩、栄養価の損失が少ないということで、食品の保存に重宝される。現在では、フリーズドライ製法による多くの商品が一般販売されており、シチューに限らず、味噌汁、おかゆ、果ては宇宙食としてのアイスクリームなども製造されている。

　さて、永久凍土の中で化石になった動物たちに起きたことは、フリーズドライ製法とは大きく異なるものだ。冷凍庫に長期保存されたシチューがそうであるように、永久凍土の中で起きる"脱水"では、水が抜けたあとの空間は残らない。いくらお湯をかけても元に戻ることはないので注意が必要である。

　アメリカ、ミシガン大学のダニエル・C・フィッシャーたちが2012年に発表した研究によると、永久凍土に保存されていたあるマンモスの化石は、筋肉が残っていたものの、骨からは剥がれていたという。歯も、歯根と歯槽の結びつ

55

きがなくなり、とれやすくなっていた。しなびていく過程で起こった変化である。この意味においても、フリーズドライ製法のような "再生" はもはやできない状態になっていたことがわかる。なお、フィッシャーたちは、筋肉と骨が乖離した理由について、バクテリアによってある種のコラーゲンが変質した可能性を指摘している。

　このように、永久凍土による "氷漬け" という方法を選んだ場合、全身がしなびた状態で保存・発見（場合によっては展示も）されることを覚悟しなければいけない。もし、氷漬けになって若く美しい姿を化石に残したい……と思ってこの方法を選んだとしたら悲劇だ。肌の張りを残すなど、もってのほかなのである。

全身が埋没しないと大変だ

　これまで述べてきたように、永久凍土に残る化石は、軟組織も骨も残る保存のいいものが多い。ただし、そこには難点もある。いわゆる「完全体」が、じつは少ないのだ。ケナガマンモスに代表される永久凍土産の「冷凍化石」は、体の一部、もしくは大部分が欠けていることが多い。

　なぜ、こうも部分的なものばかりとなるのだろう？

　そもそも永久凍土に保存されるためには、まずは永久凍土内に沈まなければならない。『FROZEN FAUNA OF THE MAMMOTH STEPPE』などでは、次のようなステップを踏むとされている。まず、凍土の表層が夏季になってわずかに解けたところへ、動物が足を踏み入れてしまい、ずぶずぶと沈み込んでいく。やがて、深層まで沈み、冬が来て凍結し、以降は永久凍土内にてずっと "保管" されていくのだ。

冷凍化石が"不完全"になる理由

1 中途半端に埋没すると、

2 動けない状態で捕食者の餌食となり、

3 そのあと永久凍土に沈んで、

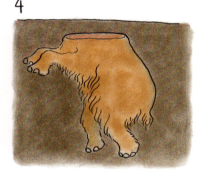

4 化石となる。

　ただし、大きな個体であれば、必ずしも全身が永久凍土内に沈み込むとは限らない。首などの一部が沈みきらず、地表に残されるケースも少なくないとみられている。
　こうなると、捕食者たちの格好の的だ。軽量ゆえに、大型の動物ほどには体が沈みにくいオオカミやキツネなどによって、沈みきらなかった部位は食べられてしまう。結果として、そうした部位が失われた状態で保存されることになる。
　発見時の状況も問題だ。永久凍土内の化石が発見される

には、河川や海の波によって、永久凍土の崖が削られなくてはいけない。実際、これまでに発見されている「冷凍化石」の多くは、河岸や海岸で見つかったものだ。このとき、もちろん標本自体も河川や海の波によるダメージを受けている。発見のタイミングが遅ければ、永久凍土から露出した体の一部が波にもっていかれてしまうのである。

あなたが永久凍土によって化石になるのであれば、確実にその深部に埋没するよう手配する必要がある。発見のタイミングに関しては、運を天に任せるしかないだろう。

敵は温暖化

いくつかの問題はあるけれども、永久凍土に保存されるという方法は、しなびることさえ許容できるのであれば、あなたにとっていろいろと都合がいいかもしれない。

多くの化石産地では、脊椎動物は骨や歯などの硬組織だけが保存される。あるいは、皮や内臓、筋肉などの軟組織だけが保存される産地もある。しかし、硬組織と軟組織の両方が保存される例は、ほとんどない。

しかし永久凍土なら、その両方が保存される可能性が高いのだ。

実際に、冷凍マンモスは体毛や筋肉、脳や胃などの内臓、そして骨も保存されている。加えて、骨の色こそ周囲の堆積物の影響を受けて変わっているものの、少なくとも体毛の色は変化していないように見える。あなたがもしも永久凍土で化石となり、数千年、数万年後に発見されたとしたら……脱水して多少スリムになってしまうけれども、着ている服ごと化石になれる可能性もあるのだ。ひょっとしたら、髪の色だって残るかもしれない。そんな状態で見つ

かった日には、後世の研究者が小躍りして迎えてくれるにちがいない。

ただし、永久凍土には「長期保存」という点で大きな心配がつきまとう。

2008年には、日本の海洋研究開発機構（JAMSTEC）の調査によって、永久凍土層の夏季融解量が増加の傾向にあることが指摘されている。温暖化によって、永久凍土が解けてきているのだ。その結果、放出された水によって河川の水量が増加し、水流による河岸の永久凍土層の崩壊も進んでいる。

特別展「YUKA」のパンフレットでは、この融解はポジティブに捉えられている。今後、冷凍マンモスの発見が増加する可能性があるからだ。

永久凍土による保存は、硬組織、軟組織ともによく残る。もしも干からびていいのであれば、化石になる手段としては一つの選択肢となる……かもしれない。

たしかに、過去に永久凍土に保存された化石の発見数は増えるだろう。その一方で、これから化石になるみなさんにとっては、ゆゆしき事態のはずだ。せっかく永久凍土に埋まっても、そこが十分な期間にわたって"凍土"であり続けるかどうかはわからないのである。数百万年以上も先の人類（あるいは、のちの知的生命体）に見つけてもらうどころか、場合によっては数十年以内に「化石」ではなく「遺体」として発見されてしまうかもしれない。最大の敵は、温暖化なのである。永久凍土で化石になるのであれば、将来の気候も十分にシミュレーションしたうえで、「どこであれば、長期間にわたって永久凍土が融解しないか」を予測する必要があるだろう。

4 湿地遺体編
〜ほどよい"酢漬け"で〜

まさに今、死んだかのように

　今、この姿のまま、化石になりたい。張りのある肌や髪を残したい。骨だけの姿にはなりたくないし、永久凍土から見つかる化石のような干上がった体（永久凍土編(P.46〜)参照）なんてもってのほか。そんなこだわりをもつあなたに、一つの提案がある。

　はじめにことわっておくと、この方法は"実績"という面では弱い。永久凍土編で紹介した"冷凍化石"は、約1万年前のもので、比較的新しい部類だった。しかし、本編で紹介する"化石"はもっと新しい。古くても2400年前のものだ。したがって、数万年ののちにはどのように保存されているかわからない。

　それでも、この方法は試す価値がある。うまく保存されれば、あなたの表情も髪も保存できるかもしれない。あなたの肌のプルプル感さえも残せるかもしれないのだ。

　まずは、その"化石"の発見史から説明しよう。

　1950年の話である。デンマーク、ビェルスコウ渓谷のトーロン湿地で、作業員二人が竈やストーブの燃料にするための泥炭を掘り出していた。

　すると、突如として泥炭の中に人間の顔が現れた。

　目を閉じた男性。

　動かない。

　死んでいる。

　あまりにも生々しい遺体を見た作業員たちは「殺人事件

ではないか」と考え、警察に通報したという。

　発見された遺体は、30歳くらいの男性と推定された。そして、驚くべきことに、死亡したのは紀元前375年ごろということがわかった。古代人の遺体が、死蝋化したものだったのである。

　トーロン湿地で発見されたこの遺体は、トーロンマン（Tollund Man）[01] という通称でよばれている。

　じつは、1950年の時点でもよく知られていたことだが、デンマークやドイツ北部、アイルランドなどでは、泥炭湿地でこうした"化石"がたまに見つかっている。「湿地遺体（Bog People あるいは Bog Bodies）」とよばれる標本である。『ナショナル ジオグラフィック』2007年9月号に掲載された特集記事によると、現在までに発見されている湿地遺体は数百を数えるという。なかでも、前述のトーロンマンは、「最も有名な湿地遺体」として知られる。警察が早い段階で博物館職員に立ち会いを依頼しており、その後の発掘・調査・研究が組織的かつ学術的になされている。

　トーロンマンについては、2002年に邦訳版が刊行された『甦る古代人』（著：P. V. グロブ、原著は1964年刊行）が詳しい。同書の記述をまとめてみよう。

　トーロンマンは、深さ2.5mの泥炭の底に、膝と肘を抱き寄せた胎児のような姿勢で横たわっていた。身につけていたのは、革でできた帽子とベルトだけで、ほかに衣類とよべるものは見当たらなかった。

　頭部に損傷はなく、口腔には親知らずも残っていたという。髪の毛は4〜5cmに刈りそろえられている。髭は全体的に剃られてはいたが、上唇の近くと顎の部分に無精髭が確認できた。剃り残しだろうか。それとも、新たにのびてきたものだろうか。いずれにしろ、一度髭を剃ってから死

ぬまで、さほど経っていなかっただろう。**そっとまぶたを閉じたその表情**[02] は、じつに安らかである。

　すばらしい保存状態の頭部に比べると、ほかの部位には多少の損壊が見られる。膝の骨は皮膚を突き破って外に飛

び出ており、腹部には皺が寄っていた。ただし、これらが生存時のものか、それとも死後に堆積した泥炭の重みなどによるものなのかは言及されていない。

01
最も有名な湿地遺体
「トーロンマン」とよばれる湿地遺体標本。まるで、亡くなったのはつい先日、というような遺体だが、2400年近く前のものである。よく見ると随所に骨が露出している。
(Photo: Arne Mikkelsen / MUSEUM SILKEBORG)

02
おだやかな表情
まるで春の陽気にまどろんでいるようだ。細かなしわや髭などの細部まで保存されている。

(Photo : Arne Mikkelsen / MUSEUM SILKEBORG)

　解剖が行われた結果、消化器官内に、オオムギ、アマ、アマナズナ、ヤナギタデなどの植物と、いくつかの雑草を加えた粥が確認できた。肉類を食べていた痕跡は皆無だったという。消化状況から、最後の食事から半日〜1日の間に死んだと分析された。

　不穏なことに、トーロンマンの首には長い革紐が巻きついていた。この男性がどういう状況で亡くなったかについて興味がある方は、『甦る古代人』および、本書巻末の参考文献をご覧いただきたい。

　もう一体の湿地遺体を紹介しておこう。それは、トーロン湿地からさほど離れていない別の湿地で1952年に発見された。近くの村の名前をとって、グラウベールマン（Grauballe Man）[03] とよばれている。

　グラウベールマンは紀元前400年から紀元前200年ごろに

**03
苦悶の表情**

細部まで確認できる湿地遺体の一つ、「グラウベールマン」。2200年以上前の遺体である。

(Photo : Robert Harding Images / Masterfi / amanaimages)

亡くなった男性とされる。トーロンマン同様に、全身がよく残っている。ただし、安らかな表情のトーロンマンとは対照的に、グラウベールマンは苦悶に満ちた顔をしているのが特徴的だ。

　グラウベールマンのようすについて、『甦る古代人』をもとにまとめてみよう。姿勢は、全体的に**体をよじったポーズ**[04]をしていた。この姿勢も苦悶の現れだろうか。毛髪は頭頂部と頭部の左側に残り、長いもので15cm程度。色は赤茶色だけれども、検査の結果、もともとは黒色であったという。眉毛はない。鼻の下に数本の髭、そして顎にも短い髭があった。

　手足は「ほかに類がないほど保存状態が良かった」とされる。写真を見ると、確かに多少やせているものの、「生きている人の手足」といわれても違和感はない。**手**[05]は今

65

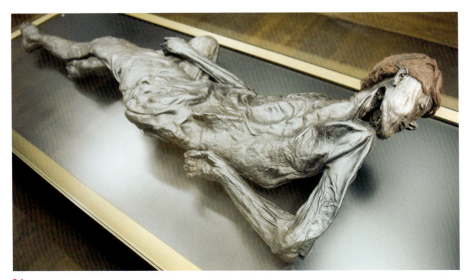

04
体をよじる
グラウベールマンの全身。体をひねるあまり、皮膚が骨に張り付いたような、そんな印象を受ける。この姿勢は苦しみによるものだろうか。

(Photo : Robert Harding Images / Masterfi / amanaimages)

にも何かをつかみそうだし、足は歩き出しそうだ。手足の指先には指紋も確認されている。

　表情のほかに、トーロンマンとの決定的なちがいとして指摘されたのは、両耳から喉元にかけてつけられた、食道を切断するほどの傷である。これが死因のようだ。理由はわからないけれども、グラウベールマンは殺されたのだ……と思われていた。しかし、『ナショナル ジオグラフィック』2007年9月号によると、これは「切りつけられた傷」ではなく、「死後の損傷」である可能性があるという。

　トーロンマン、グラウベールマンは、ともに泥炭に埋もれていたため、肌が真っ黒になってはいるものの、全体としては「さっきまで生きていました」といわんばかりの保存状態である。あなたの思い描く"化石"と比べて、いかがだろうか？

05
爪もはっきり
グラウベールマンの右手。爪もはっきりと残っているし、指紋さえも確認できるという。2200年以上前の遺体とは思えないほど生々しい。

(Photo：Robert Harding Images / Masterfi / amanaimages)

脳も残るが……

　ほかにも興味深い湿地遺体の例はある。

　1952年に、ドイツ北部のヴィンデビー農園にある湿地から、男女の遺体が1体ずつ発見された。トーロンマンの例と同じく、このときもまず現代の犯罪との関連が疑われた。そうしてひとしきり警察騒ぎになったのち、無事に湿地遺体と認識され、博物館の元へ送られた。

　男女の遺体のうち、とくに注目されたのは、ほっそりした体つきの女性の方だ。年のころは、13〜14歳。顔を右に向けて横たわり、右手を右胸に添えていた。全体的に張りのある肌のようすが残っているものの、胸部は何らかの理由で軟組織が欠損し、肋骨しか残っていなかった。これもまた不穏なことに、毛糸で編まれた帯によって目隠しがされていた。また、体の近くに、棒状の木材と石もあった。これは、湿地に体を沈めるために使われたものと解釈され

06
ヴィンデビーの少女（？）
胸部に欠損があり、肋骨が見えているものの、そのほかは肌の張りさえ感じるほど保存が良い。

(Photo : Schleswig-Holsteinische Landesmuseen Schloss Gottorf)

た。この湿地遺体は**ヴィンデビーの少女**[06]とよばれ、のちの調査で紀元前1世紀ごろの遺体であることがわかる。

　さまざまな文献から、この少女は密通の罪を犯し、裁かれて湿地に沈められたと解釈された。一緒に発見された男性の湿地遺体が、密通相手とみなされたのだ。なかなか生々しい話である。

　しかし、『ナショナル ジオグラフィック』2007年9月号によると、話は少しちがうようだ。その後の研究により、男性の方の湿地遺体は、ヴィンデビーの少女より300年も古いものということがわかったという。さらに、ヴィンデビーの少女は、じつは「少年」ではないか、という指摘もなされている。

　少年なのか少女なのか。なぜ、目隠しをしているのか。さまざまな点が気になるけれども、そちらに関しては考古学的な書籍や記事に譲りたい。本書執筆時点で和書の少な

　いテーマではあるけれども、これだけ魅力的な"素材"なので、遠からず専門家が熱く解説してくれることだろう。『化石になりたい』と題する本書においては、やはり遺体の保存状況の方に注目したい。

　肌の張りさえ感じられるヴィンデビーの少女は、胸部などに欠損はあるものの、それ以外はほぼ完璧な保存に見える。X線分析の結果、脳の保存も極めて良好であり、解剖の結果によってもそのことが証明された。

　しかし、"彼女"の頭部には、本来あるべきはずのものがなかった。

　骨がないのだ。

　皺や溝がはっきりと確認できるほど、脳[07]は良く保存されている。しかし、それを保護するための頭蓋骨が消失していた。頭皮を剥がすと、すぐに脳が見えたのである。

69

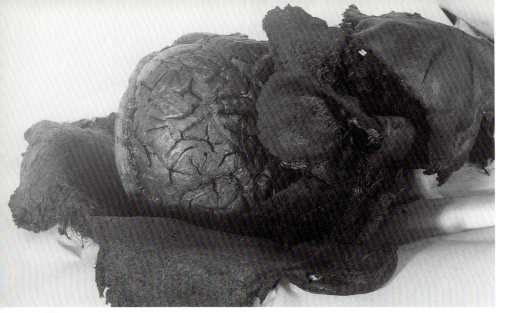

07
頭皮を剥いだら……
ヴィンデビーの少女（？）は、頭皮を剥いだすぐに脳が見えた。頭蓋骨が溶けてなくなっていたのだ。
(Photo：Schleswig-Holsteinische Landesmuseen Schloss Gottorf）

酢に漬けた卵のように

　湿地遺体の保存が良い理由は、地理的な条件と、湿地特有の環境が関わっているとみられている。以下、すでに紹介した『甦る古代人』や『ナショナル ジオグラフィック』のほか、ブライアニ・コールズとジョン・コールズの共著『低湿地の考古学』、シルケボー博物館が管理するWebサイトなどから、情報をまとめてみよう。

　デンマークやドイツ北部など、多くの湿地遺体が見つかるような地域は、基本的に寒い。遺体が沈んだ当時の湿地の水温も低く、摂氏4℃以下だったとみられている。この温度は、現在の一般的な冷蔵庫のそれに近い。パナソニックのWebサイトにある「よくあるご質問」の回答によると、冷蔵室の温度は3～6℃、チルド室の温度は0～2℃とのことである。凍ることはないけれども、かなりの低温であり、この条件こそが微生物の活動を阻止することになったとみられている。微生物が活動しなければ、軟組織が分解され

08
まるで皮袋

ダーメンドルフで見つかった皮膚と髪、爪だけが残る湿地遺体。「強い酸性環境では、骨は残らない」の典型例。

(Photo : Schleswig-Holsteinische Landesmuseen Schloss Gottorf)

　ることはない。

　また、湿地遺体が沈められた当時、その湿地には大量のミズゴケが繁茂していた。湿地遺体が埋もれていた泥炭の正体は、じつはこのミズゴケである。このコケ類が、湿地遺体をつくる要だ。

　ミズゴケは多量のタンニンをつくりだす。タンニンは、鞣（なめ）し革をつくる際に使われる水溶性の化合物だ。「鞣（なめ）す」とは、そのままでは腐敗して分解されたり、乾燥して硬くなったりする皮に、一定の薬物的な処理を加えることで、劣化を抑えて強度をもたせ、「革（かわ）」にすることである。湿地遺体の場合は、タンニンによって、まさに鞣し革のように遺体の表面が保護されたとみられている。肌に張りが感じられるのも、このタンニンによるところが大きい。

　また、ミズゴケから泥炭ができる際には、フミン酸（腐食酸）とよばれる酸が放出される。泥炭内に沈殿したフミン酸に包み込まれた遺骸は、酸性環境の中で保存されるわけだ。ほどよい酸性環境は、微生物の活動を抑制するため、

71

長期保存に役立っている。

　しかし、酸性環境はカルシウムを溶かす。ここで、グラウベールマンの骨からカルシウムが溶け出していたこと、ヴィンデビーの少女の頭蓋骨が消えていたことを思い出してほしい。

　こうした骨を失った湿地遺体[08]の極端な例が、ドイツのダーメンドルフから発見されている。この遺体は、鞣し革となった皮膚と髪、爪以外は残っておらず、内臓も骨も完全に消えていた。強い酸性を受けて、溶け出してなくなったとみられている。結果、遺体は皮でできた袋のような状態となっている。

　通常、生物の遺骸が化石になるとき、軟組織と硬組織の保存はトレードオフの関係にあるとされている。軟組織が残るような環境では硬組織は保存されにくく、硬組織が保存されるような環境では軟組織は保存されにくい。それは、軟組織はアルカリ性の環境で分解されやすく、硬組織は酸性の環境で分解されやすいからだ。逆にいえば、アルカリ性の環境では硬組織は保存されやすく、酸性の環境では軟組織は保存されやすい。

　酸性環境での軟組織の保存については、自宅でも簡単に実験することができる。容器に酢を入れて、生卵を殻ごと漬けてみるといい。十数時間で酢を入れ替えて、さらに十数時間ほど待てば、殻が見事になくなった卵ができあがる。

　筆者も中学生時代に試したことがあるが、酢の匂いはそれなりに強烈なので、換気には十分に注意されたい。書籍としては『ぷよぷよたまごをつくろう』（著：左巻健男）などが参考になるが、ネット検索でも詳しいやり方を知ることができるので、お子さんの自由研究にいかがだろうか。

　ここまでの話をまとめよう。湿地遺体として化石になる

場合、状況によってはダーメンドルフの湿地遺体のように、袋のようになった皮だけが残されることもある。一方で、酸性の度合いが"ほどよい"環境下においては、トーロンマンのように硬組織、軟組織を共に残せる可能性もある。しかし「袋みたいな状態になっても、肌さえ残ればいい」というのでなければ、湿地遺体の方法はなかなかの博打であるといえるだろう。

酸性環境では硬組織が溶けて軟組織が残る、ということは自宅でも簡単に実験できる。『ぷよぷよたまごをつくろう』を参考に制作。

湿地遺体をいかに"保存"するか

　湿地遺体がきれいに保存されていた理由を再び挙げてみよう。

　低温環境であり、タンニンによる皮膚の保護が進み、フミン酸による"ほどよい酸性環境"にあった。これらが絶妙に作用しあって、湿地遺体はできあがっている。しかし、発掘され、泥炭から外に出た湿地遺体は、このいずれの環

境からも外れてしまう。その結果、場合によっては腐敗・崩壊が進行することになる。

1950年にトーロンマンが発見されたとき、研究者たちは保存の仕方に苦心した。この時点では、人間サイズの湿地遺体の保存方法が確立していなかったのだ。

研究者が採用したのは「頭部だけでも保存する」という道だった。『甦る古代人』によると、頭部を胴体から切り離し、ホルマリン、アルコール、トルエン、パラフィンなどの処理を経て、さらに蝋を用いたという。1年以上の作業を費やしたこの処理によって、トーロンマンの頭部の輪郭と容貌は「完全に保存することができた」と同書には記述されている。ただし、「大きさは全体に約12％も縮んでしまった」とある。

1952年に発見されたグラウベールマンに関しては、当初から「発見当時の姿のまま全身像を保存する」という方針がとられ、ラング・コーバックという専門家が修復の指揮をとった。

解剖調査によって、グラウベールマンのタンニンによる"鞣し革化"は不完全であることが判明していた。そこで、コーバックが採用したのは、この"鞣し革化"を促進させて、皮膚の保存性を上げることだった。タンニンを含むナラの樹液と樹皮を大量に用意し、まるで剥製に綿を詰め込むように、それをグラウベールマンの体内に詰め込んだ。さらに、グラウベールマンを保管するためのケースもナラでつくった。ケースを固定するための金属がタンニンと反応しないよう、蝶番などをケースの外側に取り付けるという徹底ぶりである。

こうして1ヶ月以上に渡って諸々の手が加えられ、保存処置が終了した。処置の前にとってあった石膏鋳型と比較

してみると、処置後のグラウベールマンにはほとんど損傷がなく、変形も縮小もしていないことが確認できた。めでたしめでたし、である。

とはいえ、ものすごく手間がかかっているという点には注目してほしい。湿地遺体は、発掘後にも人的、経済的なコストがかかるのである。

もちろん、グラウベールマンの件は半世紀以上も前の話なので、現在ではより優れた保存技術が発達していることだろう。もしも、あなたが湿地遺体として化石になる場合、その化石が発見される未来においては、さらなる技術進歩も期待できる。

ただし、その技術をあなた、もしくはあなたが残した生物の化石に適応してもらえるだろうか。そこは発見されてみないとわからない。社会情勢の変化が、化石の保存に割く時間、予算、人員を許さないかもしれない。あるいは、こうした技術がどこかで失われて、ひょっとしたらトーロンマンのように「縮小した頭部だけ」が保存されることになる可能性もある。あるいは、あなた以外にも多くの湿地遺体が発見され、あなたを保存する優先順位は随分と後ろの方に回されてしまうかもしれない。そうしている間に、あなたは自然に分解・崩壊してしまうのだ……。

湿地遺体として化石になる場合は、発見されたのち、可能な限り早く保存処置をされるよう気を配る必要がありそうだ。たとえば、あなたが「貴重」であることを示す「何か」と一緒に、泥炭に埋まるといいかもしれない。どの分野でも、希少なものに資本は投下されやすいものだ。もちろん、酸性に強い必要があるので、金属は基本的に避けた方がいい。

5 琥珀編
～天然の樹脂に包まれて～

琥珀の中の恐竜化石

　琥珀。おもに太古の針葉樹から流れ出た天然の樹脂（松ヤニ）が、かたまって化石となったもの。硬度2.5と比較的やわらかく、ちょっとした金属で傷をつけることができる。研磨も加工もしやすく、ビーズやカメオに加工されることもしばしばある。化石になるのであれば、琥珀に包まれて残る、という道もあるかもしれない。そうすれば、のちの世で宝飾品のように加工されて、重宝されることがあるかもしれない。

　琥珀に閉じ込められた化石としては、近年、大きな注目を集めた例がある。

　2016年末、中国地質大学のリダ・シンたちの研究チームが琥珀に閉じ込められた恐竜化石[01]を報告した。その琥珀は、ミャンマーに分布する約9900万年前（白亜紀の半ば）の地層から採掘されたもので、直径数cmほどの大きさだった。この中には、短い毛がびっしりと生えた長さ37mmほどの「尾」が、Lの字に曲がって入っていた。

　琥珀を採掘した業者は当初、これを「植物片」と考えていたという。しかし、研究チームがこの琥珀を入手して分析した結果、小型の獣脚類（恐竜類のグループ）の尾の一部であることが判明した。

　尾以外の部分が残されていないことがつくづく残念ではある。しかし、いずれは頭なども見つかって、きちんと分類できるかもしれない……この琥珀からは、そんな"次の

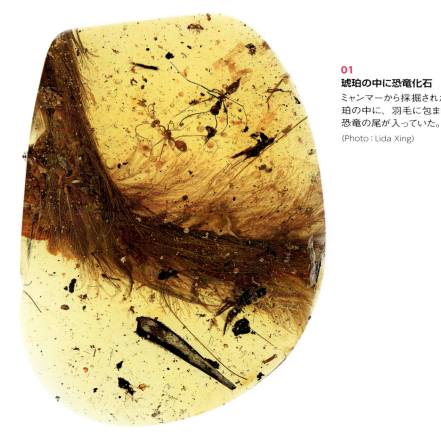

01
琥珀の中に恐竜化石
ミャンマーから採掘された琥珀の中に、羽毛に包まれた恐竜の尾が入っていた。
(Photo : Lida Xing)

可能性"を感じることができる。

　ちなみに、動物の「頭」を内包した琥珀02 も発見されている。2017年に、同じミャンマーの産地からシンが報告した琥珀である。この琥珀には、鳥の雛が保存されていた。鳥類は恐竜類の1グループなので、これも「恐竜の化石入り琥珀」といっていいかもしれない。

　その琥珀は長径10cm弱ほどの大きさだった。先ほど紹介した「恐竜の尾を含む琥珀」と異なる点は、内包される不純物が多く、全体として濁っており、内部がほとんど見えない点である。つまり、宝飾品としての価値は（おそらく）高くない。

02
中に何が……?
ミャンマーから採掘された琥珀の一つ。不純物が多いけれど、何やら中に入っていることはわかる。

(Photo : Lida Xing)

03
生々しい足
上の琥珀の、右下部分の拡大。鋭い爪はもちろん、鱗の一つ一つまで確認できる。

(Photo : Lida Xing)

琥珀の表面に見えているのは、長さ1cmにも満たない、小さな足[03]である。鋭い爪をのばした3本の指。そこにはびっしりと細かい鱗が並んでいる。じつに生々しく、一目で鳥類の足とわかる。しかし、それ以外の体の部位は、外からは確認できない。

そこで、CTスキャン[04]を行ってみると、琥珀内部に頭部が確認できた。さらに、前脚（翼）の保存も確認された。これらの特徴から、「エナンティオルニス類」というグループに属する鳥であることが判明した。ただし、CTスキャンは皮膚を透過するので、この雛の表情や顔つきは、残念ながら不明である。

足があり、頭があり、翼がある。しかしこの標本は、胴体の大部分が欠けてしまっている。すごく惜しい標本だ。

なぜ、胴体がないのだろう？　シンたちによると、この雛は一度に十分な量の樹脂に覆われたわけではなかった、とのことである。樹脂が少しずつ溜まっていくなかで、最後まで露出していた胴体は、樹脂に包まれる前に風化して消失したのではないか、ということだ。あなたが琥珀に入った化石になるときも、一気に樹脂に埋まらないと同様のことになりかねないので、注意が必要である。

**04
CTスキャンで見える！**
左ページの琥珀をCTスキャンで見ると……鳥の頭がはっきりと確認できる。微細構造までくっきりだ。

(Photo : Lida Xing)

昆虫も花もきれいに残る

琥珀の一大産地といえば、バルト海沿岸地域が挙げられ

05
爬虫類もこのとおり
バルト海で見つかった琥珀には、スッキニラケルタの後半身が残っていた。鱗までくっきりだ。
(Photo: WEITSCHAT & WICHARD 2013)

る。この産地から見つかる琥珀は、新生代古第三紀の始新世中期から漸新世前期（約4800万〜2800万年前）のさまざまな生物を内包している。

　いくつか紹介しよう。脊椎動物の例でいえば、カナヘビ類スッキニラケルタ・スッキネア（*Succinilacerta succinea*）が入った琥珀が知られている。カナヘビ類は「ヘビ」とはいうものの、実際はトカゲの仲間だ。バルト海産の琥珀を数多く収録した『Atlas of Plants and Animals in Baltic Amber』では、カナヘビ類の尾と後ろ足が内包された標本[05]や、後ろ足だけが確認できる標本などが紹介されている。

　ただし、脊椎動物が琥珀になっている例は珍しく、現状は無脊椎動物の入った琥珀の方が圧倒的に多い。ハチの仲間[06]やアリの仲間[07]、カニムシの仲間[08]、そしてゾウムシの仲間[09]など、大きさ1cmにも満たない小さな節足動物たちである。

06 触覚の関節も見える バルト海産の琥珀の一つ。アシブトコバチ類。(Photo：WEITSCHAT & WICHARD 2013)

07 膨らみもはっきり バルト海産の琥珀の一つ。ヤマアリ類。(Photo：WEITSCHAT & WICHARD 2013)

08 腹部の微細構造も……バルト海産の琥珀の一つ。ウデカニムシ類。（Photo：WEITSCHAT & WICHARD 2013）

09 複眼のレンズもきれいに バルト海産の琥珀の一つ。ゾウムシ類。（Photo：WEITSCHAT & WICHARD 2013）

10　微細構造もくっきり
バルト海産の琥珀の一つ。アゴダチグモ類は、琥珀に含まれた化石の発見が、現生種の発見よりも早かった。

(Photo：WEITSCHAT & WICHARD 2013)

　ここで、アゴダチグモ類[10]とよばれる、長い鋏角を特徴とするグループを紹介しよう。クモの仲間ではあるけれども、ほかのクモとは異なり、脊椎動物でいうところの「首」のような構造をもっている。

　バルト海産の琥珀に含まれる動物の多くは、絶滅せずに現在も命脈を保っている種であり、アゴダチグモ類もその例から漏れない。アゴダチグモ類の現生種は、熱帯アフリカやオーストラリアに生息し、「クモを狩る」という独特の生態をもつため、「アサシン・スパイダー（刺客のクモ）」という異名で知られている。見た目も生態も面白いけれど、何よりポイントはその研究史だ。アゴダチグモ類は、先にバルトの琥珀でその存在が確認され、のちに現生種が報告されたという珍しい"歴史"のもち主なのである。

　脊椎動物の例とは異なり、節足動物は全身がきれいに残っているものが多い。まるで「先ほどまで生きていまし

83

11
バラも琥珀で
バルト海産の琥珀の一つ。こんな形でバラを贈られたら、誰でも心が揺らぐ……かもしれない。

(Photo：Wolfgang Weitschat)

た」といわんばかりで、琥珀から取り出せば動き出しそうである。

　また、動物ばかりではなく、バラの花[11]や、いわゆる松ぼっくり[12]などの植物片も、琥珀の中に入っていることがある。

琥珀に包まれるということ

　繰り返すが、琥珀は松ヤニのような樹脂がかたまってできたものだ。イギリス、マンチェスター大学のP・A・セルデンとJ・R・ナッズが『世界の化石遺産』でまとめた情報によると、この「樹脂である」ということが、琥珀内に節

12
松ぼっくり
バルト海産の琥珀の一つ。いわゆる「松ぼっくり」。琥珀はこんなものも残す。
(Photo：WEITSCHAT & WICHARD 2013)

足動物、とくに昆虫が多く含まれている理由である。甘い樹液を舐めるためにやってきた昆虫たちが、そのまま松ヤニ（樹脂）に捕らわれて、保存されたというわけだ。一部のクモなどの捕食者は、樹脂に浸かってもがいている獲物を狙って、そのまま自分も捕らわれたとみられている。いつの時代も、どんな動物にも、ミイラになるミイラ取りがいるらしい。

　さて、琥珀をつくる樹脂は、どんな植物から分泌されたものなのだろうか。

　『世界の化石遺産』によると、バルト海の琥珀はマツ科とナンヨウスギ科の両方の特徴をもつ「絶滅裸子植物」ではないか、とのことである。両方の特徴とはどういうことだろうか。

　そもそもの最有力候補は、分泌する樹脂の量が多いナンヨウスギ科の樹木だった。しかし、バルト海地域からは

ナンヨウスギ科の化石が確認されていない。当然のことながら、樹脂を出す針葉樹が必要で、その樹木があれば、その幹なり葉なりが化石として残っていそうなものなのだが……。

一方、マツ科は化石が発見されているものの、少なくとも現生種を見る限りは樹脂の分泌量が少ない。大量の琥珀を残すには、大量の樹脂が必要だ。バルト海地域で化石が確認されているマツ科の植物では、大量の樹脂を"用意"することが難しいのである。

こうした背景を受けての"折衷案"が、「マツ科とナンヨウスギ科の両方の特徴をもつ絶滅裸子植物」なのである。実際にそうした植物の化石が見つかっているわけではなく、樹脂の元となる植物は依然として謎に包まれている。このことは、琥珀内の化石になりたいあなたには、ちょっとした障害になるかもしれない。材料未確定のままチャレンジしなくてはならないからだ。

さて、琥珀の中に閉じ込められた生物は、生前のままの体なのだろうか？ すでに見てきたように、見た目のうえでは問題ない。では、"中身"はどうか。

『世界の化石遺産』では、肝臓や筋肉などが確認できた琥珀内のクモや、筋肉繊維や細胞核に加え、リボソームやミトコンドリアなどが確認できた吸血性のブヨなどがあることに言及している。筋肉だけでなく、細胞レベルで残っているとはすばらしい保存性だ。

ここまで保存性が高ければ、血中のDNAも保存できるかもしれない。そう考える読者も多いだろう。『ジュラシック・パーク』の再現である。この映画は、琥珀内に閉じ込められていた恐竜時代の蚊から「恐竜の血」を取り出し、血の中のDNAを用いて恐竜のクローンをつくる、という

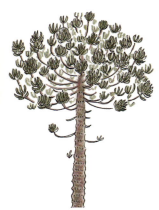

ナンヨウスギ

マツ

バルト海の琥珀は、どんな植物が分泌したものかわかっていない。ナンヨウスギ科とマツ科は有力候補だが……。

⑤ 琥珀編

話である。

　しかし、オーストラリア、マードック大学のモートン・E・アレントフトたちが2012年に報告したところによると、DNAは521年で、その半分ほどが"崩壊"するという。気温や保存状況にもよるだろうけれども、DNAを復元できる技術が開発されたり、あるいは例外的な保存がなされたりしない限りは、数万年単位、数十万年単位でDNAを残すことは難しそうだ。

　DNAはともかくとして、外見は生存時のようすが維持され、内部に関しても細胞レベルの保存を誇る。「これぞ、理想的な方法だ」と思われる方もいるだろう。ただし、一応頭の隅に置いてほしいのは、内部は「そのまま保存されているわけではない」ということだ。琥珀と接している表皮はそのままの形状を保っているが、脱水によって30%ほど内部が縮小しているものもあるという。まあ、外見がきれいに残っているのであれば、内臓に"ちょっとした隙間"ができるくらい大したことはないかもしれない。もっとも、30%も縮小するって、結構スカスカだけど。

　さらに気をつけたいのは、ほかの含有物の存在だ。いかに化石自体がきれいに保存されても、琥珀の裂け目や不純物などによって、細部が確認できないのはよくあることだ。実際、78ページで紹介した白亜紀の鳥類の化石も、CTスキャンを使わなければ、頭部が残っているとはわからなかった。樹脂に埋まるときには、ともに埋まるものにも注意を払いたい。

　また、ある種の琥珀は、小さな空気の気泡が内部の遺骸を覆ってしまうことがある。エマルジョン[13]というこの気泡の層は、『世界の化石遺産』によると、遺骸から抜け出た湿気と樹脂が反応してできるらしい。これは樹脂を出す

87

13
ああ、エマルジョン
バルト海産の琥珀の一つ。昆虫の表面が、白いエマルジェンで覆われてしまっている。

(Photo : Wolfgang Weitschat)

植物の種類によるようで、バルトの琥珀の樹脂はとくにエマルジョンが発生しやすいとみられている。ということは、バルトの琥珀をつくった樹として候補に挙げられているマツ科やナンヨウスギ科の樹脂は避けた方がいいかもしれない。

　エマルジョンとの関係だけでなく、琥珀になったときの硬さや、透明感など、樹脂を選ぶにあたっては課題が少なくない。そして、何よりの障害は樹脂の量だ。ヒトなど大型の動物をまるっと包み込むにあたり、自然に流れ出す樹脂だけでは圧倒的に量が足りないのである。

　宝飾品として市場に流通している琥珀は、研磨されて角がとれ、丸みを帯びているものがほとんどだ。しかし、"オリジナルの形"は多様である。枝から下がる雫状であったり、樹木内部の隙間を埋める形状であったり、樹皮の表面を覆う平面状であったりする。いずれも体積としてはかなり限られたものだ。たとえば、冷凍マンモスが残る永久凍

土の地層はもちろん、湿地遺体が残るような泥炭層と比べても、琥珀のもつ空間的な広がりははるかに小さい。琥珀内に残っている化石に、節足動物などの小さな生物が多いのは、そもそもそういった理由がある。

　これまでに紹介してきた琥珀標本は、いずれもけっして大きくはない。78ページの鳥の雛の入った標本が「結構大きいな」というレベルである。『Atlas of Plants and Animals in Baltic Amber』で紹介されている情報によると、これまでに見つかっている最大の標本は、1kg弱の重さであるという。これでは、ヒトのような大きさのものの保存は到底望めない。

　現実的な点からいえば、琥珀によって保存されるのはせいぜい小動物クラスまでだ。琥珀は「きれいな化石になる」ことに最適だが、あなた自身が化石になる場合はどうにも使えそうにない。もちろん、数本、数十本分の樹の樹脂（松ヤニ）をかき集めれば、ヒトサイズであっても内包できるかもしれない。だが、果たしてそこまで人手をかけたものを「化石」とよんでいいのかという、また別の議論も生じるだろう。

　一方、サイズとして小さいものなら、軟組織、硬組織を問わず、外形を保ったままきれいに残すことができる。エマルジョンのこともあるので、内部から気体の発生しない無機物が無難だ。婚約指輪などの思い出の品、あるいはスマートフォンなどの電子機器を壊さず残す分には、この方法は理想的かもしれない。こういったものなら、内部縮小の心配もないだろう。

琥珀で残す化石はあまり大きなものは向かないので、指輪やスマートフォンなどの"小物"がおすすめだ。電子製品の場合は、中のデータまで残るかは不明だけれど……。

6 火山灰編

化石になりたい

〜鋳型として残る〜

ローマ時代の"実績"

　湿地遺体や琥珀の中の化石のように細部まで残らなくていい（湿地遺体編(P.60〜)および琥珀編(P.76〜)参照）から、なんというか、こう、体全体のシルエットが残ればいいかな。

　そんな微妙かつピンポイントな希望をおもちの方には、高温の「火山灰に包まれる」という方法がある。入門編(P.10〜)では、「化石になるためには、火葬は基本NG」という旨を書いたが、これはその例外に当たる。この方法を選択すると、皮膚や筋肉、内臓などの軟組織は残らない。骨は……残るかもしれない。一番の特徴は、人生最後の一瞬が「概形として」残るということだ。そこへ石膏などを流し込めば、まるで彫像のごとくその姿が甦る。

　"火山灰に包まれた人類化石"では、いささか歴史は浅いものの、西暦79年につくられた"実績"がよく知られている。

　ポンペイである。

　かつてイタリア南部のナポリ湾沿岸に存在した都市だ。前8世紀までに建設され、その後、ローマ帝国時代には貴族の別荘地・保養地として発展した。

　西暦79年8月24日午後1時ごろ、ポンペイから北西10kmほどの距離にあるヴェスヴィオ火山が噴火した。大量の火山灰がポンペイに降り注ぎ、そして火砕流が襲来した。

　火砕流とは、火山から噴出した溶岩以外のさまざまな高温物質（岩や灰など）がガスと混ざり合い、どす黒い雲のようになって、高速で地表を流れていく現象だ。これによ

01
鋳型で残った人々
ポンペイの遺跡に残っていた鋳型に、石膏を流し込むことで"復元"された人々。服のシワまではっきりと確認できる。

(Photo：Alamy/アフロ)

り、ポンペイの街は壊滅し、じつに2000人もの人々が犠牲になったといわれている。高温や窒息により、人びとはおそらく数秒のうちに死に至っただろう。そのときの遺骸は、高温の火砕流に飲み込まれて瞬時に蒸し焼きとなり、火山灰に厚く覆われて、年月とともに朽ちていった。

19世紀、ポンペイ遺跡の監督官として発掘を進めたジュゼッペ・フィオレッリは、降り積もってかたまった火山灰の中に、人の形をした空間があることに注目した。遺骸が朽ちたあとの部分が、空洞のまま残っていたのである。フィオレッリは、そこに石膏を流し込んでみることにした。火山灰による鋳型を使った、レプリカの製作だ。石膏が固まったのちに鋳型を壊すと、遺骸の形をした石膏像[01]が現れるという寸法である。

この方法によって、死の直前に人々がどのような姿勢をとっていたのかが判明した。なかには、死の恐怖に表情をゆがめた「まだ生きたい」「なぜ死なねばならないのか」

91

02
イヌまでも……
悶え苦しむ姿勢のまま残ったイヌ。首輪も確認できる。

(Photo: Alamy/アフロ)

といわんばかりのものもある。ヒトのみならず、悶え苦しむ姿をしたイヌ[02]なども見つかっている。胸が締め付けられる光景だ。

　さて、石膏像そのものは、文字どおり「石膏製」である。生物体そのものではない。ただし、単純な石膏レプリカでもない。その特徴は、内部構造にある。

　19世紀にフィオレッリが採用した方法は、火山灰の中にできた"鋳型"に石膏を流し込むというものだった。なぜ、鋳型ができていたのかといえば、長い年月の中で皮膚や内臓といった軟組織が朽ちていたからだ。

　しかし、ヒトもイヌも軟組織だけでできているわけではない。私たち脊椎動物には、骨もあれば、歯もある。こうした硬組織はどうなったのだろう？

　近年、「考古学史上まれに見る野心的な修復事業」(ナショナル ジオグラフィック2016年4月14日のニュース)といわ

 ❻ 火山灰編

フィオレッリによって採用されたポンペイの人々の"復元"法。空洞に石膏を流し込んでつくる。火山灰の中で軟体部は朽ちてなくなっているが、骨は内部に残されている場合がある。

れるプロジェクトの一環で、ポンペイの鋳型からつくられた石膏像のCTスキャンが行われている。その結果、石膏の中に骨や歯が含まれているのが確認された。

最も注目されているのは、歯だ。プロジェクトに携わっている歯科技師が歯を見ることで、そのもち主の職業を特定することができるという。もちろん、何を食べていたのかなどの食生活を推理することも可能とされる。これにより、ポンペイの人々の生活が、よりリアルに見えてくるのである。

石膏像でありながらも、その内部に遺骸の一部を内包する。これも一つの"化石"のあり方かもしれない。もしも、あなたが、この独特の方法を採用したいというのであれば、死す直前の数秒間の苦しみを覚悟することになるが、筆者としてはあくまでも死後の方法として手配することを推奨したい。

93

毛先の剛毛、雄の生殖器、子連れの"リード"

　火山灰に包まれた結果、生物体の本体の大部分は朽ちて失われ、その鋳型が残る。そんな化石は、何も人類の専売特許というわけではない。

　イギリス、イングランド西部に位置するヘレフォードシャーには、約4億2500万年前に降り積もった火山灰が流れ込んで堆積した地層がある。この火山灰の地層から、古生代シルル紀の半ばを過ぎたころに生きていた生物の"鋳型の化石"が見つかっている。

　シルル紀は温暖な時代だ。最古の陸上植物の化石がこの時代の地層から確認されている。一方で、陸上動物化石に関してはほとんど記録がなく、とくに脊椎動物に関しては、陸上生活を送ることができるものは皆無だったとみられる。生命活動のおもな舞台は水中で、サソリに似た姿の節足動物が繁栄していた。魚はいたけれどもまだ体が小さく、ヒエラルキーの中では"弱者"だった。そんな時代である。

　ヘレフォードシャーの火山灰の地層は、厚いところで1mほど。その中に水深150〜200mで生きていた海棲動物の化石が眠っていた。とはいっても、火山灰の中に直接化石があったわけではない。大きさ2〜20cmほどの岩塊が火山灰に含まれていて、その中に鋳型があったのだ。この岩塊は「ノジュール」や「コンクリーション」とよばれるが、本書では「コンクリーション」というよび名の方を採用する。

　コンクリーションの中に含まれていた海棲動物の化石を、いくつか紹介しよう。

　多種多様なヘレフォードシャーの化石が報告されているなかで、筆者のイチオシは、オッファコルス・キンギ（*Offacolus kingi*）[03]だ。その姿といい、保存といい、「衝撃的」

03
極細の毛まで残る

ヘレフォードシャーのコンクリーションから復元された鋏角類オッファコルス。全長5mmほど。

(Photo : David J. Siveter)

といっていい。

　オッファコルスは全長5mmほどの鋏角類だ。後部にのみ節がある蒲鉾のような殻を背負っている。体の後部の先端からは、太さ0.2～0.3mmのトゲがのびている。

　腹側の後部には、幅0.75mmの鰓状の構造が左右に並んでいる。そして、10本の付属肢（いわゆる脚）が前方に向かって突き出ている。それぞれの付属肢の太さは0.4mm以下。中央の2本をのぞく8本は、2本ずつ根元でつながっている。前側の足は、先端に極細の剛毛がびっしり生えている。「剛毛のある付属肢」をもつ生物の化石は、かなり珍しい。この剛毛が何の役に立っていたのかは定かではないが、これほどの細かい構造が化石に残るということ自体、稀有なことなのだ。

　衝撃の保存率といえば、コリンボサトン・エクプレクティ

95

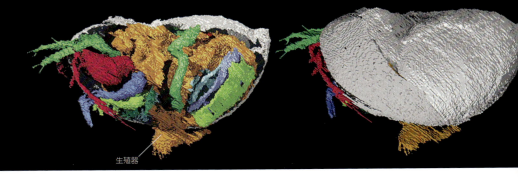

生殖器

04
世界最古の雄
全長5mmほどの介形虫類コリンボサトンの復元。硬い殻(右の画像)をはがすと、内部の構造までわかる(左の画像)。

(Photo : David J. Siveter)

コス (*Colymbosathon ecplecticos*)[04] も負けていない。全長5mmほどの介形虫類である。介形虫類は甲殻類の1グループで、「介」は「貝」の字も使われることが多く、「カイ(貝)ミジンコ」とよばれることもある。この異名が示唆するように、炭酸カルシウムの殻を2枚もっているのが特徴だ。多くの場合は、この殻が化石として残り、地層の時代を決める「示準化石」として役立ったり、地層の堆積環境を推測する「示相化石」として用いられたりする。グループとしての介形虫類には約5億年の歴史があり、現生種も存在する。

　ヘレフォードシャーから見つかったコリンボサトンの化石には、殻だけではなく、内部構造も確認できた。各種付属肢や内臓、そして眼の形も読み取ることができる。何よりも驚きをもって迎えられたのは、雄の生殖器が確認されたことだ。

　陰茎に骨をもつイヌなどの一部の例外を除いて、脊椎動物・無脊椎動物を問わず、生殖器は軟組織でできていることが多い。化石の場合、軟組織が保存されることは極めて珍しいため、見つかった個体が雄なのか、それとも雌なのかは、しばしば議論となる。

　しかし、コリンボサトンには生殖器の形が残っていたのだ。知られている限り最古の雄の生殖器の記録である。こ

96 ❻ 火山灰編

05
微細構造から生態を
全長1cmほどの節足動物アキロニファー。極細の糸の存在が、この動物の生態議論の的となった。

(Photo : Briggs et al. 2016)

の話題には、古生物界隈だけでなく、一般向けのメディアも注目した。イギリスのBBCは、論文が発表された2003年12月に「Ancient fossil penis discovered」(太古の化石ペニス、発見される)というタイトルのニュースを報じている。

　もう1種、紹介しておこう。節足動物のアキロニファー・スピノスス (*Aquilonifer spinosus*)[05] だ。節のある1cm近い大きさの殻をもち、頭部から殻より長い"触手"が2本のびる。多数の付属肢をもち、体の後端には細くて長いトゲがある。

　アキロニファーの注目ポイントは、同じコンクリーション内に、別の姿をした全長1〜1.5mmほどの小さな節足動物が、10個体ほど発見されていることだ。その小さな節足動物とアキロニファーが(おそらく)柔軟性に富んだ極細の糸でつながっていたのである。

　この小さな節足動物は、アキロニファーに群がる、あるいは、寄生している別種ではないかという指摘があった。

しかし、極細の糸の存在がその可能性を否定している。寄生されているのであれば、アキロニファーはその糸を切ってしまえばいいのに、自分につながったままにしているのである。ということは、アキロニファーとこの節足動物たちは、何らかの共生関係にあったのだろうか？

アキロニファーを報告したアメリカ、イェール大学のデレック・E・G・ブリッグスたちは、この小さな節足動物はアキロニファーの幼体であり、糸でつながることで成体が幼体を連れて歩いていたのではないか、と指摘している。「はいはい坊やたち、ちゃんとついてくるんですよー」とでもいうような光景だ。このような生態をもつ節足動物は、現生種を含めてもなかなかない。極細の糸が保存されていたからこそできた推理である。

本体は残らない、その覚悟が必要だ

剛毛、生殖器、"リードの糸"。これら小さな生物の小さくやわらかい物質は、いかにして保存されたのか。

ヘレフォードシャーに関しては、イギリス、オックスフォード大学のパトリック・J・オーアたちが2000年に論文を発表している。ここでは、その論文内で言及されている仮説について紹介しよう。

まず、必要なものは火山灰だ。粒子は細かければ細かいほどいい。火山灰に埋もれた遺骸は腐敗が進み、その物質が周囲の火山灰へと滲み出ていくことになる。そして、火山灰に含まれる鉱物成分は遺骸の周辺および内部に集積し、とくにカルシウムやリン酸塩が内臓に濃集する。

遺骸の周囲では、遺骸から出る腐敗物質と火山灰の鉱物成分が反応して鋳型となり、遺骸の概形が固定される。一

コンクリーションができるまで

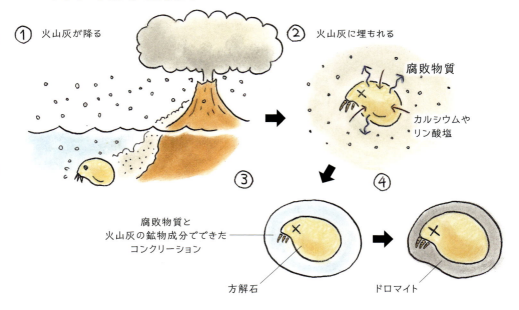

方で、遺骸の内部では浸透したカルシウムが主成分となり、方解石をつくっていく。おそらくこの段階で、生物体を包むコンクリーションも形成されたとみられている。

最終的に、火山灰の鉱物成分や海水中に含まれるカルシウムやマグネシウムなどとの反応が進み、遺骸の周辺にドロマイトとよばれる鉱物が形成される。岩石に包まれたヘレフォードシャーの化石は、こうしてできあがった、というわけである。

……いささか細かい話となったが、基本的にはヘレフォードシャーとポンペイは、「火山灰の中の鋳型」という点で共通している。その一方で、決定的なちがいがあることにお気づきだろうか？ ポンペイの場合、火山灰の中に空間が残されていたので石膏を流し込んでレプリカをつくることができた。しかし、ヘレフォードシャーの場合は、すでに方解石が内部に濃集しているのである。

99

コンクリーションのCG復元

① コンクリーション　② スライスして、撮影する

　ヘレフォードシャーの化石は、その多くが全長1cmに満たない。そんな小さな標本に、0.1mm以下の構造が方解石やドロマイトによって残されている。このレベルの微細構造をコンクリーションから掘り出すことは極めて難しい。

　一般的な化石研究法では、こうした微細な化石はドリルなどを使った物理的な方法ではなく、薬品を使った化学的な方法を用いて、母岩から取り出す。化石とその周囲の物質の化学成分のちがいを利用して、周囲の物質だけを溶かすのである。その後、顕微鏡を覗きこみながら化石を拾い出し、分析していく。

　ただし、ヘレフォードシャーの化石においては、この手法も使えない。生物体は、火山灰に含まれている鉱物成分が浸透してできている。……ということは、化石の成分も、火山灰の成分も、基本的には同じだ。薬品を用いて火山灰を溶かそうと思ったら、化石も溶けてしまうのである。

　では、ヘレフォードシャーの化石はどのように取り出されているのだろうか？　95〜97ページの間に掲載された画像がそうなのか？　しかし、一目瞭然であるが、これらの画像はコンピューター・グラフィックス（CG）である。化石そのものではないし、いわゆる「復元画」でもない。じつは、このコンピューター・グラフィックスこそが、ヘ

⑥ 火山灰編

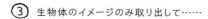

③ 生物体のイメージのみ取り出して……
④ データ上で再構築
無数のスライスの集まり

レフォードシャーの"化石"なのだ。

　事情を説明しよう。

　物理的な方法でも、化学的な方法でも、ヘレフォードシャーの化石を取り出すことはできない。そこで研究者が採用した方法は、「取り出すことを諦める」という大胆なものだった。

　コンクリーションを30μm（ヒトの髪の毛の太さの半分以下）の間隔でスライスし、その断面を次から次へと撮影した。その数は2000枚を超える。そして、断面をコンピューター上でつなげ、化石を"つくった"のである。病院でCTスキャンをとった経験のある方にはイメージしやすいと思う。撮影された断面画像をつなぎ合わせれば、内臓の形も、ヒトの外形も厳密に再現された図像ができあがるのだ。ちなみに、この手法ではコンクリーションとともに鋳型も裁断されるため、化石そのものも残らない。

　ポンペイのように空洞が残るのか、ヘレフォードシャーのようにほかの化学成分に置き換わるのか。あなたが火山灰を用いて化石になるのであれば、そのどちらかになるだろう。

　また、ポンペイの火山灰の中には、ポンペイの都市がまるごと埋まって残っている。石灰岩や凝灰岩などでできた街並みや劇場、道路などの建築物が一瞬のスナップショッ

06
色鮮やかな"伝言"
火山灰に埋もれたフレスコ画は、色鮮やかに1900年以上昔の文化を今に伝えている。

(Photo：Photogolfer / Dreamstime.com)

トとして保存されていたのだ。したがって、こうした岩石でつくったものであれば、一緒に"化石"として、残すことができるかもしれない。

　また、ポンペイにおいては、フレスコ画[06]の残存も確認されている。漆喰を利用したこのアートは、火山灰の熱によって変色した可能性はあるけれども、十分にカラフルな色合いが残っている。つまり、ポンペイタイプの方法であれば、アートも保存できる可能性があるのだ。生きていたときの姿や、愛用のもの、自分の暮らしていた街の風景、あるいは、後世の発見者へのメッセージなどを、石灰岩の彫像やフレスコ画で残してみてはいかがだろうか。

　ヘレフォードシャータイプの場合は、コンピューター内のデータとして残される。色などは残らないが、デジタル上で保存されるので、その後の管理は随分と楽になるはずだ。未来の世界にインターネットがあるなら、世界中に共有してもらえるかもしれない。

　さて、どちらがお好みだろう？

ポンペイタイプ

ポンペイタイプでは、体の概形とフレスコ画を残せる可能性がある。ヘレフォードシャータイプを選べば、本体は残らないものの、細部までコンピューターデータとして残る。この場合、色は任意になる。あなたはどっちを選ぶ？

ヘレフォードシャータイプ

7 石板編
～建材やインテリアとしても有用～

保存が良い化石の産地といえば……

　ちょっと小洒落たリビングに、石板として飾られる。そんな化石もある。保存の良さもピカイチで、額を取り付ければ、壁を飾る"芸術品"としてこのうえないものになる。

　それが、ドイツ南部、ゾルンホーフェンの化石だ。保存の良い化石になることを目指すなら、この地の化石について知っておいて損はない。

　保存が良い化石を産出する地層のことを「化石鉱脈」という。本書でこれまでに紹介してきた産地は、基本的にはいずれも化石鉱脈ばかりだ。そして、世界各地に点在する化石鉱脈のなかで、これから紹介するゾルンホーフェンは最も知名度が高い。この地域には、約1億5000万年前（ジュラ紀後期）に堆積した石灰岩が、東西約100km、南北約50kmにわたって分布している。

　ゾルンホーフェンを代表する化石といえば、始祖鳥（*Archaeopteryx*）だ。むしろ、始祖鳥の存在こそがゾルンホーフェンの知名度を高めている、といっても過言ではないだろう。

　始祖鳥の化石は、これまでに10個体以上が見つかっている。なかでも、1861年に報告された「ロンドン標本」と、1876年に報告された「ベルリン標本」は、圧巻の保存状態を誇る。両標本とも、ほぼ全身が残り、各部位の骨にはいまだ生々しい質感が残っている。そして、骨の周囲の石灰岩には、翼をつくっていた羽毛の痕跡がしっかり確認できるのだ。

01
始祖鳥ベルリン標本
「始祖鳥といえば、この標本！」という方も多いだろう。細部まできれいに残り、翼も確認できる。ああ、美しい。化石になるなら、かくありたいもの?

(Photo：bpk / Museum für Naturkunde Berlin / Carola Radke / distributed by AMF)

104　7 石板編

まずはベルリン標本[01]から紹介しよう。この標本は、画像がさまざまなメディアで露出しているので、「見たことがある」「始祖鳥と聞いて真っ先に思い浮かべる化石はこれ」という方もたくさんいるかもしれない。大きくのけぞった姿勢、尾、四肢、頭骨。うっとりするほどの保存の良さである。さらにこの標本には、鳥類のような翼が確認できる一方で、クチバシ構造ではなく歯が並ぶという、現生鳥類にはない特徴も見てとれる。これにより始祖鳥は、爬虫類と鳥類をつなぐミッシングリンクとして、ダーウィンの時代から注目されてきた。

　次に、ロンドン標本[02]である。この化石は、体から少し離れた位置に脳函が保存されていた。「脳函」とは、脳の入れ物のことだ。脳自体が化石として残っていなくても、脳函を調べることで、脳のおおよその構造がわかる。ロンドン標本の場合、脳函をCTスキャンにかけた結果から、三半規管が現生鳥類並みに発達していたことが指摘された。三半規管はバランスを司るため、始祖鳥のバランス感覚が究明されたことになる。古生物において、こうした能力まで言及されている種の数はけっして多くない。

　このように、微細なつくりが化石にしっかり残っていたおかげで、始祖鳥は生命進化の研究史において、重要な位置を占めてきたのである。

　さらに、始祖鳥については、「色」についての研究もある。多くの場合、生物が生きていたときにもっていた色素は化石に残らない。それはゾルンホーフェンの化石も同じである。しかし2012年、アメリカ、ブラウン大学のライアン・M・カーニーたちが、始祖鳥のものとされる羽根の化石に「メラノソーム」という細胞内小器官を確認した。色素そのものではないが、色素をつくりだす器官が残っていたのである。

106　　　7 石板編

02
始祖鳥ロンドン標本
画像左の右脚のかかと付近（大きく「く」の字に曲がっている、そのすぐ脇）に、脳函が保存されていた。
（Photo:NHM London/amanaimages）

107

黒色の色素をつくる細胞内小器官が残っていたため、始祖鳥は当初、全身が黒色とみられていた。しかし、なにしろ顕微鏡レベルの器官なので、あくまでもピンポイントな部位が"黒色"というだけだった。現在では白黒の模様をもった姿で復元されている。

旧復元　　新復元

メラノソームは、つくり出す色素によって形状が異なるという特徴がある。カーニーたちは、始祖鳥の羽根の化石に確認されたメラノソームの形状を、115枚の現生鳥類の羽根と比較した。その結果、95％以上の確率で、始祖鳥の羽根は黒色であることが示されたのだ。

2013年になると、イギリス、マンチェスター大学のフィリップ・L・マニングたちが、化石に残った化学成分をX線による分析にかけることで、色を推定するという研究を行なった。その結果、カーニーたちの研究で95％の確率といわれた黒色は、じつは羽根の外側だけの話で、内側部分は明るい色だったことが指摘された。こうした分析の結果、始祖鳥化石は全古生物の中でも極めて珍しく、「色」が議論できる標本とされている。

始祖鳥だけではない。ゾルンホーフェンからは、脊椎動物・無脊椎動物を問わず、さまざまな良質化石が産出する。そのなかで、2012年に報告されたスキウルミムス（*Sciurumimus*）[03] も挙げておこう。

スキウルミムスは、全長70cmの小型恐竜だ。化石の保存はまさにパーフェクト。鼻先から四肢、尾の先までが完璧に残っており、尾の付け根などには羽毛が確認できる。

108　　❼ 石板編

昨今、一部の恐竜が羽毛をもって復元されることが多くなったが、こうした直接証拠がはっきりと確認できるものはそれほど多くない。

　ここまで見てきたように、ゾルンホーフェンの化石は、その保存の良さから学術的にも非常に価値の高いものとなっている。どうせなら、こんな化石になってみたくはないだろうか？

スキウルミムスの復元イラスト。驚きの化石は次のページに掲載。

最後の"あがき"を残す

　あなた自身や、任意のものを化石にする場合、それはすでに生命活動を終えていることが前提だ。生きながら化石になるためのステップを踏むというのは、あまりにも無謀なので必ず考え直した方がいい。

　もっとも、自然界においてはこの限りではない。突如やってきた死の気配に戸惑い、命のある限りあがいた。その痕跡が化石として残されることがある。ゾルンホーフェンでは、そうした"あがきの痕跡"が確認できる標本が、少なからず発見されている。

　その代表的なものが、カブトガニ類メソリムルス（*Mesolimulus*）の「死の行進」だ。メソリムルスは、後体にトゲをもつことをのぞけば、現生のカブトガニとよく似た姿をしている。ゾルンホーフェンでは、**メソリムルスが死ぬ直前に歩いた足跡**[04]が、たまに化石として残っている。

　たとえば2012年に、イギリス、ドンカスター博物館のディーン・R・ロマックスと、アメリカ、ワイオミング・ダイナソー・センターのクリストファー・A・レアケイたちが

03
え、これ本物!?
スキウルミムスの標本。筆者は最初にこの化石の写真を見た際、思わず二度見し、知人研究者に「本物?」と確認してしまった。それほどまでに保存が良い。歯や爪の先、肋骨、毛に至るまで残っている。標本の全長は約70cm。

(Photo : Helmut Tischlinger)

メソリムルスの本体

04
苦しんで苦しんで……
メソリムルスの"死の行進化石"（上段）。じつに9.6mにおよぶ。上段画像右端に落下点（下段右に拡大）、左端に足跡の"主"の遺骸（下段左に拡大）がある。苦しみの行進の跡だ。

(Photo：The Wyoming Dinosaur Center & Dean R. Lomax)

報告したメソリムルスの足跡化石は、じつに9.6mにもおよんで続いていた。その長い足跡の終点に、メソリムルスが1体、死んで化石となっていたのである。始点の方には、このメソリムルスが死の間際に戸惑ったようすがよく記録されている。歩き出す前に、進行方向を探るかのように数回にわたって方向転換しているのだ。歩き出した後も、90度の方向転換を2度行い、休息もはさんで歩み続け、そして死んだのである。このメソリムルスに、いったい何が起

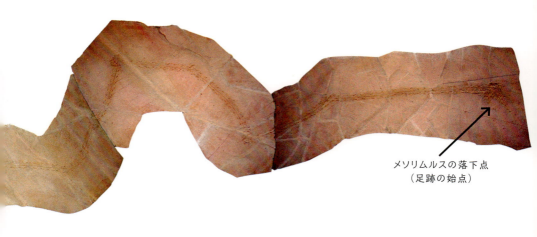

メソリムルスの落下点
（足跡の始点）

こったのか。それはのちに説明する。また、ゾルンホーフェンからは、数十cmの移動の痕跡を残し、その先で死んだエビの化石[05]なども見つかっている。

　足跡化石そのものは、けっして珍しいものではない。生物本体ではない生痕化石の代表ともいえる存在で、たとえば恐竜類の足跡は、日本でも群馬県や福井県、富山県で見つかっている。ただし、多くの場合、足跡の主はわからないままだ。およその分類までは特定できるものの、種レベルまでわかるものは多くなく、ましてや「どの個体が残したのか」まで特定できるケースは非常に少ない。

　しかし、ゾルンホーフェンの足跡化石は、そうした例とは異なる。なにしろ足跡の先で、その主が化石になっているのだ。脊椎動物のものは見つかっていないものの、ゾルンホーフェンのような環境であれば、「死の直前の物語」を後世に残すことができる可能性がある。ただし、何度も書くが、あなたにはおすすめできない。なぜなら、メソリムルスにしろエビにしろ、きっとおおいに苦しんで死んだはずなのだ。

05
苦しんで……
画像右端にいるエビが、その最期に残した足跡の化石。苦しみながらその痕跡を残し、そして力尽きた……。

(Photo：Jura-Museum Eichstätt)

無酸素の礁湖で……

　メソリムルスやエビが「苦しんで死んだ」理由は、ゾルンホーフェンにかくも良質な化石が残る理由と重なる。

　ジュラ紀後期、ゾルンホーフェン地域一帯を含むドイツ南部の多くの場所は海の底にあった。この海では、当時の温暖な気候のもとに海綿とサンゴの礁が発達していた。

　地形は複雑で、そこかしこの水域が礁によって外海と隔絶されて湖となっていた。「隔絶」とはいっても、それは完全なものではなく、嵐などでちょっと水面が上昇するだけで、外海とつながったとみられている。

　とはいえ、温暖な地域で外海と隔絶されているとなる

と、その湖の水分はしだいに蒸発していき、塩分濃度がどんどん上昇する。塩分濃度が高い水は重くなり、湖底へと沈む。また、外海と隔離された湖では、水の上下方向の循環がほとんど行われないため、新たな酸素が取り込まれにくい。結果として、湖底付近の水は高塩分・貧酸素になっていく。古生物学の基礎情報をまとめた『古生物の科学5 地球環境と生命史』の表現を借りると、このとき深層は「死の水塊」となっていた。

高塩分・貧酸素の環境は、生命にとってはまさしく「死の環境」である。塩には脱水作用があり、たとえば野菜を塩もみすると、水分はどんどん抜けていく。動物が塩分濃度の著しく高い環境に行っても、もちろん同じことが起こる。体内の水が抜けてしまっては、動物は生きることができない。貧酸素環境については、いわずもがなである。

もちろん、このような場所へ好きこのんで向かう生物はいない。こうした環境で化石になっている生物は、不運にも嵐などによる事故で運ばれてきてしまった、という説が有力だ。こうして「死の水塊」に運ばれてきた動物は、基本的にほぼ即死したとみられている。ただし、カブトガニ類や甲殻類など、多少なりとも高塩分濃度や貧酸素環境への耐性をもっていた動物は、最後にあがき、"死の行進"を化石として残すことになったわけである。先ほど紹介したメソリムルスやエビは、何かの拍子に突然湖の底に沈んでしまい、それでもどうにか助かろうとあがいた末に死んでいったのだ。彼らの苦しみを思うと、胸が痛くなるばかりである。

さて、こうした「死の水塊」では、肉食の動物だけではなく、動物の遺骸を分解するバクテリアも生息できない。そのため、湖の底に沈んだ遺骸は荒らされることなく、化

当時、ゾルンホーフェン周辺域の海底付近には、酸素のない「死の水塊」があったとみられている。始祖鳥たちは、何らかの事故でこの湖に沈んだのち、石灰質ナンノプランクトン（石灰質の殻をもつ非常に小さなプランクトン）の遺骸に埋もれることで保存されたようだ。

石として保存される。さらに、動物を運んできた原因が嵐などであれば、強い水流によって堆積物が運ばれ、再び堆積するため、湖底にある動物の遺骸は急速に埋没していくことになる。このようにして、ゾルンホーフェンの良質な化石はできあがるのである。

建材として残る

　ゾルンホーフェンの石灰岩は、一定の方向に薄く分割しやすいという特徴がある。

　歴史上、ゾルンホーフェンでは、岩石に内包される化石よりも、母岩である**石灰岩の特徴**[06]に古くから注目が集まってきた。板状に割れて、人力で容易に採掘や加工ができることから、石版印刷の素材や建物の壁や床、屋根の建材として用いられたのだ。その歴史はローマ時代にまで遡ることができる。

　現在でもこれは変わっていない。ゾルンホーフェンの石灰岩は、白色や乳白色、薄いカスタード色などをしていることがほとんどだ。この独特の色合いは、壁を飾る石材や、床面に敷かれるタイルとして使われており、日本でもそこかしこで見ることができる。とくに、ゾルンホーフェンの石灰岩でできたタイルは、ホームセンターやインターネッ

⑦ 石板編

06
板状にパカパカ割れる！
ゾルンホーフェンの石灰岩は、板状にきれいに割れる。そのため、建材として使いやすい。ちなみにいくつかの採掘場では、一定の料金を支払うことで化石の発掘体験ができる。
(Photo:ロバート・ジェンキンズ)

トでも購入が可能であり、一般住宅においても普通に使われている。ひょっとしたら、そうした建材のなかにもアンモナイトなんかの化石が入っているかもしれない。もしもうっかり始祖鳥クラスの化石を見つけでもしたら、大発見だ。そのときは、ぜひお近くの自然史系博物館へ"通報"をお願いしたい。

板状の標本は管理がしやすい。額装すれば見栄えもすばらしい。リビング・インテリアにぴったりの化石だろう。

　ゾルンホーフェンの化石は、薄く割れた岩と岩の間に、挟まるようにして存在している。ぺしゃんこに潰れて、面の上にほとんどすべてのパーツが並んでいるのだ。個々の殻や骨などのパーツには一定の立体感があるけれども、全体としては平面的である。

　実際に化石を収蔵・管理してみるとわかることだが（筆者は大学、大学院時代で化石を扱っていたし、現在も少数ながらいくつかの化石やレプリカを所蔵している）、「板状の標本」は保管に場所を取らず、また壁にかけることもできるので展示しやすい。もしも、あなたのなりたいものが「のちの時代に、きれいに飾ってもらう化石」であり、かつ「必ずしも立体的に組み立ててもらわなくてもいい」と

7 石板編

いうのなら、ゾルンホーフェンのメカニズムを参考にする
といいだろう。すなわち、嵐などがたびたび襲来する地域
にある、水深の深い礁湖あたりに沈めてもらうのである。
うまくいけば、石板状の化石になれるかもしれない。本章
の冒頭で述べたように、額屋さんにもち込めば、額装だっ
て可能だろう。ちょっとしたインテリアのできあがりだ。
もしくは、どこかの建物に使われた石材から、偶然あなた
の化石が発見され、かえって有名になることがあるかもし
れない。

　ただし、ゾルンホーフェンのように石灰岩が母岩となっ
た場合、酸性の環境には注意が必要である。多くの骨や殻
などの硬組織も酸に弱いけれども、石灰岩自体も酸に弱
い。室内環境で、そうそう石灰岩を溶かすほどの酸性環境
になることはないだろうけれども、未来のことは誰にもわ
からない。こうした "弱点" は念のために知っておくべき
だろう。

　また、重ねていうが、生きているうちには絶対にトライ
しないこと。先ほどのメソリムルスの例を思い出してほし
い。くれぐれもあなた自身や、あなたが化石にしたいほど
大切に思っている動物を、同じ目に遭わせないように。

119

化石になりたい 8

油母頁岩編
〜プラスチック樹脂できれいに保存〜

最後の晩餐が"細胞レベル"で残る

あなた、もしくは、あなたが選ぶ任意のものを化石にする場合、どうせなら後世の研究者に重宝されるような標本になる、というのも一つの手だ。たとえば、死の直前に食べたもの、いわゆる"最後の晩餐"が胃腸に残っていれば、後世の研究者は喜ぶにちがいない。

そうした化石は実際に存在し、研究上の重要度が高い。何しろ、その動物が「何を食べていたか」ということの直接証拠であり、生態を知るうえで、これ以上ない手がかりとなるのだから。

最後の晩餐が残った化石、ということであれば、ドイツ西部の「グルーベ・メッセル」が参考になるかもしれない。

グルーベ・メッセル、あるいは英語で「メッセル・ピット」ともよばれるこの化石産地は、今から約4800万〜4700万年前、亜熱帯の森林に囲まれた大きな湖だったと考えられている。そのため、この地からは淡水魚のほか、湖周辺に暮らしていたと思われるさまざまな動物の化石が多数産出する。そのようなたくさんの化石のなかから、最後の晩餐を残した標本を三つ紹介しよう。

一つは、「イーダ」の愛称をもつ霊長類、ダーウィニウス・マシラエ（*Darwinius masillae*）[01] だ。

イーダは全長58cmで、そのうちの34cmを長い尾が占めている。頭から尾の先まで、まさに「完璧に」保存された標本だ。分類については多少の議論があるものの、現在の

01
まさに完璧
右ページは、グルーベ・メッセルで発見されたダーウィニウス・マシラエ、愛称「イーダ」の標本だ。骨格の細部はもちろん、残留した軟組織が黒く残り、胃の付近には"最後の晩餐"も確認できる。
(Photo : Jørn Hurum/ NHM/UiO)

ところ「曲鼻猿類」というグループに属するという見方が有力である。

イーダは、私たちヒトと似通った臼歯をもっていた。解剖学において、歯は口ほどにものをいう。この標本が見つかったとき、まずは歯の形から食性が推測された。小さく丸い咬頭、その間の深いくぼみ。現生の霊長類でこうした歯をもつものは、果実をよく食べ、昆虫も食べる。

イーダの手足の特徴に注目すると、指が長く、親指がほかの指と向かい合ってついている。ものをつかむことに向いているつくりだ。これは樹の上で生活していたことを示す特徴であり、「果実をよく食べ、昆虫も食べる」という歯の特徴と矛盾しない。

通常であれば、食性の推測はここまでだ。そこで、最後の晩餐である。パッと見ただけでは、イーダの標本に胃の内容物が残っているようには見えない。しかし、顕微鏡などで精査したところ、種子に特有の「細胞壁」が胃の部分に確認できたという。ほかにも、葉の残骸と思われるものも残っていた。また、いくら探しても、昆虫の存在を示すものは見つからなかった。このことから、イーダは、同じタイプの歯をもつ哺乳類とは異なり、主食は葉と果実で、昆虫は食べていなかったとみられている。

このように、胃の内容物が細胞壁レベルで化石に残っており、そこから食性が推測できるというのは、すごい話だ。イーダの保存状態がいかに驚異的であるかがわかる。我々も、未来の人類（あるいは別の知的生命体）に食性について議論されることがあるかもしれない。そんなときに、イーダのような保存の良

イーダの主食は葉と果実だったらしい。そんなことまでわかるのは、良質標本だからこそ。

⑧ 油母頁岩編

02
花粉も残る
羽毛の痕跡が黒く残るプミリオルニスの標本「SMF-ME 1141a」。左の画像の四角部分を拡大したものが右の画像。丸で示した部分に大量の花粉が残っていた。

(Photo : Gerald Mayr, Senckenberg)

い化石となり、胃の内容物を残していれば、研究に一役買えるというものだ。

　ちなみに、イーダに関しては『ザ・リンク』（著：コリン・タッジ）に詳しく書かれているので、ご興味のある方は、ぜひ、そちらもお読みいただきたい。

　二つ目に、鳥類の標本を紹介しよう。プミリオルニス・テッセラトゥス（*Pumiliornis tessellatus*）[02] の化石で、「SMF-ME 1141a」という標本番号がついている。

　プミリオルニスは全長10cm弱の鳥類で、クチバシが細長いことが特徴だ。現生のハチドリを彷彿とさせるこの鳥は、カッコウの仲間か、オウムの仲間かで、分類に議論が

123

ある。

　SMF-ME 1141aの体内には、昆虫の破片とともに、大量の花粉が確認された。こうした場合、最後の晩餐については二つの可能性がある。一つは、昆虫と花粉をそれぞれ別に食べたということ。もう一つは、花粉を食べた（あるいは体に付けた）昆虫を食べたということである。

　この件について、SMF-ME 1141aを報告したドイツ、ゼンケンベルク研究所のゲラルト・マイヤーとフォルカー・ヴィルデは、昆虫の破片と比べると、花粉の量の方が圧倒的に多いことから、昆虫と花粉は別々に食べていたと指摘している。この花粉の形はマメ科、シソ科、イワタバコ科のものに似ているという。

　ちなみに、鳥類の化石では、2017年に尾腺とその内部の油脂が残った標本も報告されている。この油脂は、鳥類が自分の羽根を整えるために使うもので、しっかりと化石に残っていることは、やはり珍しいといえる。

　もう一つ紹介しよう。この化石には、細胞壁や花粉よりもずっと大きなものが胃の中に残っていた。なんと、昆虫を食べたトカゲを食べたヘビ[03]だ。まるでロシアの民芸品マトリョーシカを彷彿とさせる、興味深い化石である。

　それは、2016年にゼンケンベルク研究所のクリスター・T・スミスとアルゼンチン国立科学技術研究会議のアグスティン・スカンフェルラが報告した、パレオフィトン・フィシェリ（*Palaeopython fischeri*）の化石である。標本番号は「SMFME 11332」。全長103cmの幼体で、分類上はボアの仲間とされる。一部を欠いているものの、頭から尾の先までそろっていた。そして、内部に全長12cm弱のトカゲの仲間、ゲイセルタリエルス・マアリウス（*Geiseltaliellus maarius*）の化石がまるごと入っていた。どうやら頭から

124　　8 油母頁岩編

03
昆虫を食べたトカゲを食べたヘビ

上段の画像を拡大し、わかりやすくしたものが下段の画像である。トカゲ(オレンジ色)と、そのトカゲの体内に残る昆虫(水色)が確認できる。

(Photo : Anika Vogel, Senckenberg)

　飲み込まれたらしい。そして、そのトカゲの化石の胃の部分に、昆虫のものとみられる破片が確認された。

　つまり、ゲイセルタリエルスがまず昆虫を食べ、それが消化されないうちに、パレオフィトンに捕食された。そして、パレオフィトンはゲイセルタリエルスの消化が終わら

ないうちに死んだ。死亡すれば、消化作用は停止するため、彼らはそのまま化石として保存されることになった、というわけだ。スミスとスカンフェルラは、パレオフィトンが最後の晩餐におよんだのは、死の1～2日前であると指摘している。読者のみなさんも、獲物をまるのみする肉食動物（昆虫食を含む）を死の直前に"踊り食い"すれば、同じような化石になれるかもしれない。あまりおすすめはしないけれども……。

胎児、そして"営み中"の化石

グルーベ・メッセルから見つかる化石は、基本的に保存の良いものが多く、全身が残っているものも少なくない。そんな化石のなかには、なんと胎児を抱えた雌[04]というものもある。

2015年、ゼンケンベルク研究所のイェンツ・ローレンツ・フランツェンたちが研究成果を報告したその化石は、エウロヒップス・メッセレンシス（*Eurohippus messelensis*）というウマのものだ。肩高30cmほどの小さなウマで、全体的にコンパクトな体のつくりをしており、現在の競馬場や牧場にいるようなすらりと脚の長いウマとはずいぶん姿が異なる。また、前足に4本、後ろ足に3本ずつ指があることも大きな特徴といえる。現生のウマの指は各足に1本ずつだが、かつては複数の指があったのだ。

この化石には、「SMF-ME-11034」という標本番号がついた。フランツェンたちがレントゲンを用いてSMF-

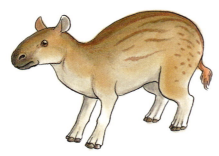

前足に4本、後ろ足に3本ずつ指をもつ、小型の原始的なウマ類エウロヒップス。

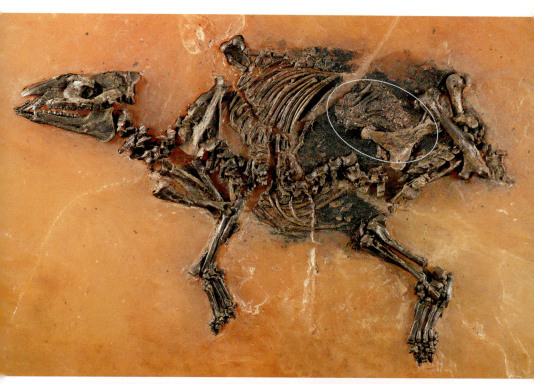

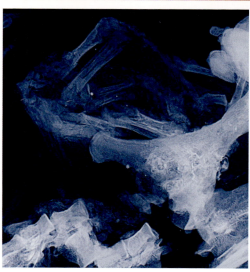
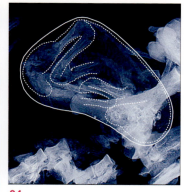

04
お腹の中に赤ちゃんがいます

エウロヒップスの細部まで保存された骨格。上段の丸の中をレントゲン撮影したものが下段左の画像。わかりやすいように点線で胎児の形を示したものが下段右の画像だ。

(Photo : 2015 Franzen et al.)

ME-11034を観察したところ、腰の位置に、このウマのものとは異なる細かな骨があることがわかった。

　もちろんウマは植物食なので、この細かな骨は最後の晩餐ではありえない。レントゲン写真をよく見ると、その骨は膝を曲げて胎内に納まっている胎児であることが判明した。胎児の骨はやわらかいため、通常は化石に残りにくい。しかも、SMF-ME-11034のように「胎内の姿勢のまま」化石に残るケースというのは、きわめて稀有なものだ。胎児の骨格からは、この母体が妊娠後期にあったことがわかった。そして、これもまた珍しいことだが、胎盤の組織も残っていることが確認された。

　こんな化石もある。ドイツ、チュービンゲン大学のウォルター・G・ジョイスたちは、2016年にグルーベ・メッセルから発見されたカメの化石についての研究を発表している。このカメは、アラエオケリス・クラッセスクルプタ（*Allaeochelys crassesculpta*）という、グルーベ・メッセルではあまり珍しくない化石種である。

　ジョイスたちは、あるアラエオケリスの化石が9組のペアをつくっていることに注目した。各ペアは、サイズの小さな雄と、大きな雌で構成され、体を寄せあっていた。このことは、"つがい"であることを示唆している。そして、9組中の2組は、雄が尾をメスの体の下にもぐりこませて、ぴったりと甲羅をくっつけていた。ジョイスたちによると、これは交尾中の姿勢[05]であるという。

　そう、交尾の最中に化石になったのだ。

　この化石の発見によって、絶滅カメ類の交尾に関する進化が明らかになった……というわけではない。「どうして交尾の最中に化石になったか」が重要なのである。わざわざ命に関わるような環境で、することをする動物はいな

05
夢中になりすぎて？
交尾中のまま化石となったカメのつがい。毒性の高い水塊にまで沈んだ際に、互いの体を離す間もなく死を迎えたとみられる。なんとも切ない標本である。

(Photo：Anika Vogel, Senckenberg)

い。交尾を始めた時点では、おそらく命に関わるような状況ではなかったのだろう。

　現生のカメにも同じような生態のものがいるが、アラエオケリスは、湖の表層部分でペアとなり、沈んでいきながら交尾を続けた、と推測されている。しかし、ジョイスたちによると、グルーベ・メッセルの湖は、少なくとも表層はごく普通の水だったが、深層の方には、おそらく毒性の高い水塊があったようだ。化石になっているペアは、この深層水に到達してしまい、互いに体を離す間もなく死んでしまったのだ。

石油を残す無酸素環境で

　グルーベ・メッセルの"死の水塊"について、もう少し詳しくみてみよう。ここからは、先ほども紹介した『ザ・リ

ンク』や、世界の良質化石情報をまとめた『世界の化石遺産』（著：P・A・セルデン、J・R・ナッズ）を参考に話を進めていく。

　かつてグルーベ・メッセルにあった湖は、直径約3km、深さは300mに達したといわれている。「深さ」において、現代日本の湖で近いのは、青森県にある水深326.8mの十和田湖だ。ただし、十和田湖の長径は約10kmである。グルーベ・メッセルの湖は、随分と狭くて深い湖だったようだ。

　この湖の成り立ちについては、いくつかの仮説があるようだ。『ザ・リンク』では、「爆裂火口説」を採用している。何やら威勢のいい名前だが、要するに火山性の湖ということだ。先ほど例に挙げた現代の十和田湖も火山性の湖であるし、日本最深で知られる秋田県の田沢湖も、同じく火山性の湖である。火山が噴火し、火口に大きな湖ができることは、なんら特別なことではない。

　グルーベ・メッセルの湖は、おもに雨水と地下水が溜まっていただけで、恒常的に流れ込む河川も、湖から出ていく河川もなかったとみられている。水の循環がなかったため、深部では酸素が欠乏し、しかも火山により毒性の高い水域になっていたようだ。一方で、表層数十mほどの水域では、多くの生物が生活できるだけの酸素が湖水に溶け込んでいたとみられている。アラエオケリスも、おそらくすべての個体が交尾中に深層まで沈んだわけではなく、ほとんどの個体はそこまで沈む前に、行為を終えていたのだろう。

　グルーベ・メッセルの湖は、亜熱帯の森林に囲まれていた。当然のことながら、葉や枝などの多くの植物質が風雨などで湖に運ばれ、沈んでいく。ときには湖面近くで藻類が大繁栄し、その死骸が湖底に沈む途中で腐敗・分解し、

周囲の酸素を使い尽くしていった。

　一定以上の水深は無酸素の世界である。そこに沈んだ植物は、腐ることなく保存される。そのままどんどん積もり続けると、下の方の植物は、熱を発しながら押しつぶされていく。こうしてできあがった地層は、植物由来の石油を多分に含むことになる。ゆえに、グルーベ・メッセルの地層は「油母頁岩層」ともいわれる。

　さて、「無酸素の世界」といっても、ごく少数のバクテリアは生息していたとみられている。彼らにとって、動物の死骸はごちそうだ。火山ガスなどにあてられて死んだ動物が沈んでくると、バクテリアは一斉にそれに群がることになる。

　多くの生物がそうであるように、バクテリアも活動するときは、酸素を消費して二酸化炭素を放出する。遺骸を分解しはじめたバクテリアは、一時的に多量の二酸化炭素を水中に放出する。その際、水中に含まれていた化学成分とその二酸化炭素が反応して、菱鉄鉱という鉱物を生成したようだ。今度はこの菱鉄鉱が、群がるバクテリアごと遺骸を覆い、そしてバクテリアは呼吸ができなくなって死滅す

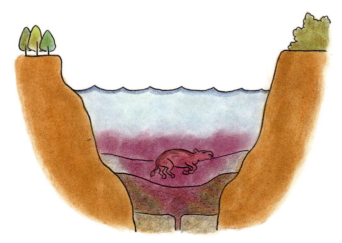

グルーベ・メッセルの化石は、さまざまな条件が重なってできた。有毒の火山成分、無酸素環境による"死の水塊"、湖底にたまった石油成分……。

131

る。この結果、遺骸は菱鉄鉱に覆われて保存されることになる。『ザ・リンク』によると、これがグルーベ・メッセルの化石が異様によく保存されている理由であるという。

乾燥厳禁。"新鮮"なうちに樹脂加工を

霊長類イーダ、花粉を食べていたプミリオルニス、昆虫を食べたトカゲを食べたヘビのパレオフィトン、胎児を抱えたエウロヒップス、交尾したまま化石になったアラエオケリス……。これらの標本写真を見ると、すべて周囲をオレンジ色の物質で包まれた形で保存されていることがわかるだろう。これは天然の岩石でも鉱石でもなく、画像加工によるものでもない。人工的にプラスチック樹脂で化石をコーティングしているのだ。グルーベ・メッセルから産出した化石のほとんどに、このような処置が施されている。

オレンジ色が美しい……そんな風に思う読者もいるかもしれない。しかし、この樹脂コーティングは、美しさやお洒落を追求して行われているものではない。科学的な理由があるのだ。

グルーベ・メッセルの化石は、植物の堆積によってできた油母頁岩の中にある。この油母頁岩がくせもので、15%ほどの石油のほかに、40%もの水分を含んでいる。掘り出された油母頁岩は、水分の蒸発にともなってひび割れていく。もちろん、内部の化石も道連れだ。放置しておくと、貴重な標本が粉々に砕けてしまうのである。

そこで必要なものが樹脂である。

まず、掘り出した化石の片面を、まわりの油母頁岩ごとプラスチック樹脂で固定する。次に、顕微鏡を覗きながら針を使い、プラスチック内の油母頁岩を取り除いていく。

目に見える範囲の油母頁岩を除いたら、プラスチック内に再び樹脂を流し込み、固定するのだ。すべては化石が乾燥する前に行う必要があり、一連の作業にはスピードが必要とされる。こうした手のこんだ作業を経ることで、グルーベ・メッセルの化石は、発見当時のままの姿で樹脂の中に残されるというわけだ。だが、これだけ保存の良い化石たちだ。その甲斐もあるというものだろう。

　もしもあなたが、グルーベ・メッセル式の方法で化石になるのなら、まずは、菱鉄鉱をつくりだすような環境が必要だ。植物片が溜まる深い湖は、その有力な候補となる。この場合、後世の研究者のために、大量の樹脂や固定の方法も一緒に残しておくといいだろう。せっかく化石となり、見つかっても、粉々に砕けてしまっては目も当てられない。しかしうまくいけば、オレンジ色の樹脂に包まれた"きれいな化石"として保存されるだろう。

油母頁岩層で化石になるのなら、樹脂置換による保存方法が必須だ。手間はかかるが、その分、細部まできれいに残るし、樹脂特有の"オシャレ感"もある。

9 宝石編
〜美しく残る〜

赤や青、緑に輝く

　化石のなかには、まるで宝石のような輝きを放つものがある。ひょっとして、あなたがなりたい化石は、そんな"宝石"のことだろうか？

　たとえば、アンモナイトの化石には、赤や青、緑色に輝くものがある。カナダにある特定の地域からのみ発見されるその化石は、生きていたときから色とりどりの輝きを放っていたわけではない。あくまでも、化石になった結果として輝くようになっただけのことである。このアンモナイトの化石は、「宝石のようなもの」ではなく、実際に「宝石」として扱われ、その場合はアンモライト[01]という宝石名でよばれている。宝石化した化石の典型例といえるだろう。

　あなた自身が化石となる際に、アンモライトのように輝くことは可能だろうか？

　そのことを論ずるためには、アンモライト誕生のメカニズムを知らなければならない。

　生きていたときのアンモナイトの殻は、炭酸カルシウムを主成分とする鉱物「アラゴナイト（霰石）」でつくられていた。その輝きはアンモライトとは異なるもので、いわゆる「真珠のような光沢」である。

　アラゴナイトという鉱物は、熱の影響を一定以上受けると「カルサイト（方解石）」に変化する。カルサイトはアラゴナイトと同じ炭酸カルシウムを主成分とする鉱物だけれども、分子の配置が異なり、性質もちがう。一般的なア

01
これぞ宝石化！
右ページは上下ともにアンモライトだ。宝石として扱われている化石である。ちなみに、赤よりも緑、緑よりも青色が希少とされる。上下とも、長径60cmほど。

(Photo：株式会社アトラス)

134　9 宝石編

02
ごく普通の
アンモナイト化石

北海道に分布する白亜紀の地層から見つかった、"一般的な"アンモナイトの化石。もっとも、肋がはっきり残った良質な標本ではある。

(Photo：オフィス ジオパレオント)

ンモナイトの化石は、このカルサイトで構成されている。

　アラゴナイトがカルサイトに変わると、アラゴナイトのもっていた真珠のような光沢は失われる。博物館などでよく見るアンモナイトの化石[02]を思い出してみよう。磨かれた表面がピカピカしてきれいな場合もあるだろうが、「宝石」というよりも「石」という感じが強いだろう。

　ところが、である。地層の中でアラゴナイトがカルサイトに変化する、その直前で熱の影響が止まるという"絶妙な状態"が存在するようだ。そのタイミングで変化が止まったアンモナイトの殻は、赤、緑、青と、色とりどりの輝きをもつようになるとみられている。アンモライトの誕生だ。このような状況をつくることができた化石産地は、カナダのアルバータ州にある約7000万年前の特定の地層に限られている。

　こうしてみると、アンモライトの輝きは炭酸カルシウムを主成分とした鉱物の変化の過程で偶然できたものということがわかる。残念ながら、私たちヒトをはじめ、脊椎動

物の骨はリン酸カルシウムを主成分としており、アンモナイトとは元素レベルで素性が異なる。アンモライトのような、色とりどりの輝きをもった宝石になるのは、ちょっと難しそうだ。

［生きているときの　アンモナイトの殻］
鉱物名：アラゴナイト

［宝石化したアンモナイト］
宝石名：アンモライト

［アンモナイトの化石］
鉱物名：カルサイト

　もっとも、完全な宝石化というのは、じつは考えものだ。アンモライトは、まるっとそのまま展示されることもあるが、もったいないことにバラバラに破砕され、その破片がジュエリーとして使われる場合も少なくない。なにしろ、その破片一つでも、ものによっては数万円以上の値がつく。あなたが宝石になったとしても、同じような目に遭う可能性はあるだろう。運よく全身が見つかっても、学術対象としてそのまま保存されることなく、商業目的で意図的に破砕され、破片で取引される……え？　それでもやっぱり宝石になりたい？　それでは話を先に進めよう。

乳白色の輝きをあなたに

　先ほど紹介したのはアンモナイト、つまり無脊椎動物の殻が宝石化したケースだ。私たちのような脊椎動物が、宝石になることはないのだろうか？
　結論からいえば、その道はある。オーストラリアのサウス・オーストラリア州からは、オパール化した白亜紀の海棲爬虫類の化石が、同じくオパール化した貝化石などとともに見つかっているのだ。
　そもそもオパールとは、多くは乳白色でガラス状の光沢

をもつ鉱物であり、宝石である。特徴の一つとして、内部に5 ～ 10%の水分を含んでいることが挙げられる。そのため、乾燥するとひび割れてしまう。ほとんどのオパールは特別な輝きを発しないが、ごくまれに虹色の美しい遊色を放つものがある。そのオパールはとくに「プレシャスオパール」とよばれ、宝石として価値が高い。世界に流通するプレシャスオパールの大半は、サウス・オーストラリア州の産であるという。そして、この地で見つかる化石のなかにも、プレシャスオパールとなったものがある。

　代表格は、二枚貝の化石[03] である。生存時の形を保ちながらも、その表面は乳白色をベースとし、角度によっては遊色を見ることができる。それ以外にも、クビナガリュウ類[04] や魚竜類などの恐竜時代の骨や歯が、プレシャスオパールとなって残っている。なかには、822.5カラットの大きさがある椎骨[05] もある。

　こんなオシャレな化石になりたい！　そう思われた方もいるだろう。たしかに、炭酸カルシウムという成分頼りのアンモライトよりも、実績のあるオパールのような宝石化こそが、脊椎動物にとって現実的なのかもしれない。

　脊椎動物の骨化石が、どのようにしてオパール化したかについては、2008年、南オーストラリア博物館のベンジャマス・ピュクリアンたちが研究を発表している。ピュクリアンたちの研究によると、骨化石の場合、骨の内部にある無数の細かな空洞に、周囲の地層からオパール成分を含んだ液体が流れ込み、かたまることで、"オパール化した骨化石"ができあがったのだという。骨自体がオパールになったわけではないのだ。ちなみに、骨本来の部分が溶けてなくなり、オパールの部分しか残っていないことも多いという。

138　　　9 宝石編

03
オパール化した二枚貝化石
暖色系、寒色系の輝きが美しい二枚貝類の化石。オーストラリア産。標本長径32mm。ミュージアムパーク茨城県自然博物館所蔵標本。

(Photo：オフィス ジオパレオント)

04
オパール化したクビナガリュウの歯
青と緑の美しい輝きを放つクビナガリュウ類の歯化石。オーストラリア産。標本長35mm。ミュージアムパーク茨城県自然博物館所蔵標本。

(Photo：オフィス ジオパレオント)

05
オパール化したクビナガリュウの椎骨

歯だけではない。背骨（椎骨）だって、オパール化する。いかがだろう？　わたしたちの体でも実現しそうではないだろうか。

(Photo : 2008 The Field Museum. GEO86518_3026Cd specimen no. H443)

　貝殻が"オパール化"した化石も、じつは貝殻自体は残っていない。地層中で貝殻が溶けてなくなり、そこにできた空洞にオパール成分を含んだ液体が流れ込み、かたまってできている。

　プレシャスオパールではないものの、**"オパール化"した貝の化石**[06]は、日本でも見つかっている。岐阜県瑞浪市から産するもので、「月のお下がり」とよばれている。これは、ビカリア（*Vicaria*）という巻き貝の中でオパール成分がかたまり、後に殻が消失してオパールだけが残ったというものである。

　オパール化を目指す場合、まずはオパール成分が骨の中に流れ込んでくるような場所を探す必要があるだろう。世界中の多くのオパール産出地に共通するのは、火山の近く

140　　9　宝石編

**06
巻貝の中のオパール**

瑞浪市産のビカリア化石（左）は、しばしばその内部がオパール（右）となり、「月のお下がり」という小洒落た名前でよばれている。ちなみに、「お下がり」とは「うんち」のこと。

(Photo：瑞浪市化石博物館)

である、ということだ。ただし、サウス・オーストラリア州の産地は、なぜか、そうした火山活動とは縁がない。詳細はよくわかっていないが、プレシャスオパールの生成には、この地に分布するある種の特別な鉱物が関係しているといわれている。

　もしもプレシャスオパールにこだわるのであれば、まさにその産地まで行って、その特別な鉱物のある地層中に埋めてもらうのがいいだろう。数千万年から1億年くらい経てば、あなたや、あなたが化石として残したいものの形をしたオパールができあがるかもしれない。ただし、大型脊椎動物において、「全体のほんの一部」がオパール化した例はあるものの、「全身まるごと」という例はこれまでに知られていないという点は、あらかじめご了承いただきた

141

い。あなたが成功すれば、それが初めての例になるかもしれない。

愛した樹木を残す

本書では、これまで動物の化石に注目してきた。しかし、もちろん植物を化石に残したいという人もいるだろう。幾年も丹精込めて育てた盆栽、人生の辛い時期に癒してくれた観葉植物、学生時代につくったさまざまな木工芸術、半生をともにした仕事机、幼い頃の成長の記録が残る柱など、植物もまた、人の愛とともにある。

まず一般的な話として、樹木には骨や歯、殻などの硬組織はないため、動物よりも化石に残りにくい。世界中の地層から樹木の化石が産出するのは、さまざまな"特殊事情"と、何よりも圧倒的な個体数の多さによるものである。

もしもあなたが、思い入れのある植物や木工製品を化石として残したいのであれば、単純に地中に埋めるだけではよろしくない。たいていは迅速に分解されてしまう。

それではどうすればいいのか。植物の幹に関しては、理想的な方法がある。これもまたオパール化だ。先ほど紹介した骨や貝殻の例では、「オリジナルを失っても、その形のオパールができる」というものだったが、植物の幹の場合は、植物体がそのままオパールになるのだ。鉱物化した幹の化石である、いわゆる珪化木[07]の一種だ。細胞レベルで形が残り、その断面を調べれば組織構造もよくわかる、学術的にもたいへん貴重な化石である。

富山市文化センターの赤羽久忠と島根大学の古野毅が1993年にまとめた論文によると、植物の幹のオパール化は、植物体周辺の地層に含まれるケイ素成分が溶けること

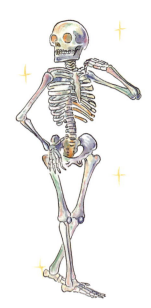

脊椎動物の化石の例が発見されているという点で、オパール化は現実的な方法といえるかもしれない。ただし、「全身まるごと」はこれまでに例がないことに注意。

9 宝石編

07
植物を残すなら

樹木の化石といえば、珪化木だ。写真は、14ページにも掲載したティエテア（*Tietea*）という植物の珪化木の断面。細胞がしっかりと確認できる。ちなみに、石のように硬い。
(Photo：オフィス ジオパレオント)

から始まる。そのケイ素が植物の幹の細胞内や細胞壁に満ちていき、少しずつ細胞の成分をケイ素主体の成分に置き換えていく。その結果、樹木全体がオパール化するという。

この論文では、富山県のある温泉に沈んだ倒木がオパール化の最中にあると指摘したうえで、1本の倒木の10〜40%がオパールとなるのに、四十数年しか時間がかかっていないことが示された。1本の倒木が完全な珪化木となるのに、長くても数百年程度というのだから、なかなかの"ハイスピード"である。

　世界中のすべての珪化木の産地がこの温泉と同じ環境下にあるわけではないので、珪化木の形成について、富山県の例を一般化するわけにはいかないだろう。しかし、愛すべき植物を化石にしたいあなたにとって、大きなヒントとなるにちがいない。

小さな樹木であれば、ある特定の温泉につけておくことで、数十年で珪化木になってくれるかもしれない。イラストは、赤羽・古野（1993）を参考に作成。

黄金の輝きの中で

アンモライトのような遊色や、オパールのような乳白色のきらめきもいいけど、やっぱりゴールドの輝きに勝るものはないでしょう！

そんな黄金好きのあなたに朗報だ。世の中には、まさしく全身を金色で包んだ化石も見つかっている。硬組織も金、軟組織も金。金、金、金色だ。

黄金色の標本で有名なのは、アメリカ、ニューヨーク州の化石産地「ビーチャーの三葉虫床」で産出する三葉虫、トリアルトゥルス（*Triarthrus*）[08] の化石である。一般的に、三葉虫は殻の部分のみが化石として残される。しかし、ビーチャーの三葉虫床から見つかるトリアルトゥルスは、殻だけではなく、軟組織でできた触覚や脚（付属肢）、そしてその付属肢についた鰓も残存している。2016年には、体内に卵が残っている標本[09] も確認された。そして、そのすべてが金色に輝いている。

もっとも、この金色は鉱物としての「金（Gold）」ではない。「黄鉄鉱」という硫化鉄の結晶だ。

三葉虫の黄鉄鉱化に関しては、イギリス、ロンドン自然史博物館のリチャード・フォーティが著書『三葉虫の謎』で詳しくまとめている。ここでは同書を参考に、本書の監修者である九州大学の前田晴良への取材結果を交えながら、そのメカニズムの仮説を簡単に説明していこう。

ビーチャーの三葉虫床では、地層が堆積していた当時は、海底付近に酸素がなく、一方で、鉄と硫酸イオンはたくさんあったという。

通常、酸素がなければ、遺骸を分解する微生物も働けない。そうした環境でこそ、良質な化石が保存されるという

ことは、本書ではゾルンホーフェンの例などを挙げてすでに紹介した（石板編 (P.104～) 参照）。ただし、ビーチャーの三葉虫床のような堆積環境で元気に活動する細菌もいる。「嫌気性細菌」とよばれる彼らは、硫酸イオンから電子（化学式のうえでは酸素原子）を取り込む。このとき、余った硫黄が反応して硫化水素が生み出される。その硫化水素と水中に溶け込んでいる鉄が反応し、黄鉄鉱がつくりだされる。

結果的に、遺骸は嫌気性細菌によって分解されながら、黄鉄鉱に置き換えられたり、黄鉄鉱に覆われたりしていくとみられている。やがて黄鉄鉱で遺骸が覆われると、嫌気性細菌はそれ以上の分解ができなくなり、化石が保存されるというわけである。

もっとも、ビーチャーの三葉虫床で見つかる全てのトリアルトゥルスが、鰓まで残っているというわけではない。殻のみが黄鉄鉱化している、脚の一部だけが黄鉄鉱化しているなど、"不完全なもの"の方が圧倒的に多い。「全身を化石として残す」という意味では、黄鉄鉱化もまた、完全ではないのだ。

ちなみに、水を差すようで申し訳ないが、黄鉄鉱は金とよく似た輝きを放つけれども、金ほどに希少ではない。俗称として愚か者の金（Fool's gold）[10] ともよばれるほどである。

それでも、「自分は黄金色が好きだ！」という人は、嫌気性細菌が好むような無酸素、あるいは、極貧酸素の環境で、硫酸イオンを十分に含んでいる泥に埋めてもらう、あるいは、任意のものを埋めてみるのもありかもしれない。ただし、不完全に軟組織が残ってしまう可能性があることを、よく理解してからチャレンジするように。

もう一つ、大切な点がある。黄鉄鉱化した化石は、発掘

08
触覚、肢、鰓が黄金色に
上段は、黄鉄鉱化した三葉虫トリアルトゥルス（*Triarthrus*）。通常であれば化石として残らない軟組織も残っている。
(Photo：オフィス ジオパレオント)

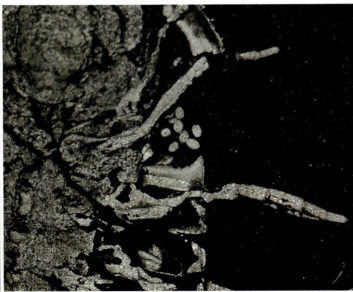

09
卵も残る
左は、黄鉄鉱化したトリアルトゥルスの別の標本。腹側。頭部の近くを拡大すると（右）、小さな卵が確認できる。
(Photo：Thomas A. Hegna)

146　　⑨ 宝石編

後の管理にそれなりに気を使うものである。黄鉄鉱をつくる硫化鉄は、空気中の水や酸素と反応しやすい。そのため、色はくすみやすく、しかも壊れやすい。長期保存という点にいささか弱いのだ。もしも黄鉄鉱化を目指すのであれば、せめて保管ケースに除湿剤や酸化防止剤を入れておいてもらうよう、後世の人々に伝えた方がいいだろう。

10
ちがいがわかる?

左は黄鉄鉱、右は金の結晶である。こうして並べてみれば、ちがいは明瞭?

(Photo:(左) Visuals Unlimited / amanaimages (右) SCIENCE PHOTO LIBRARY /amanaimages)

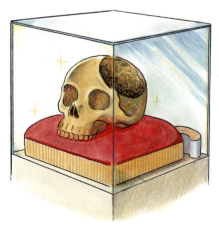

黄鉄鉱は水分と酸素に弱い。保管する場合には最新の注意が必要だ。「水とり○○さん」でいいので、ケースに入れよう。そんな伝言を残す必要がある。

147

10 タール編

化石になりたい

〜黒色の美しさ〜

ブラック・サーベルタイガー

リン酸カルシウムを主成分とする脊椎動物の骨の色は、基本的には「白」である。この白色は、化石になる過程でさまざまに変わる。もしも、化石になったときの「色」にまでこだわるなら、お気に入りの色の化石ができた過程について知っておきたいところである。

さて、この章でおすすめしたい色は、美しい「黒」だ。アメリカ、ロサンゼルス産のサーベルタイガーの化石[01]が、その代表である。

「サーベルタイガー」とは、長い犬歯をもったネコの仲間に対するよび名で、具体的な種名やグループ名を指すものではない。英語では「Saber cat」や「Saber toothed cat」と表記されることが多く、国立科学博物館の冨田幸光たちが著した『新版 絶滅哺乳類図鑑』では「剣歯ネコ類」という表記を採用している。本書では、一般的に流通している「タイガー」の意味を尊重しつつ、カタカナ表記の学名との混同を避けるため、「剣歯虎」という表記を使いたい。

複数種が存在する剣歯虎のなかで、最も知名度が高いのは、スミロドン・ファタリス（*Smilodon fatalis*）だろう。頭胴長1.7m、肩高1mに達する大型のネコ類であり、カリフォルニア州の「州の化石」としても名を馳せる。剣歯虎の代名詞とされ、長く鋭い犬歯を特徴とする。2015年に発表された、アメリカ、クレムゾン大学のM・アレクサンダー・ワイソッキたちの研究によると、この犬歯は月間6mmのス

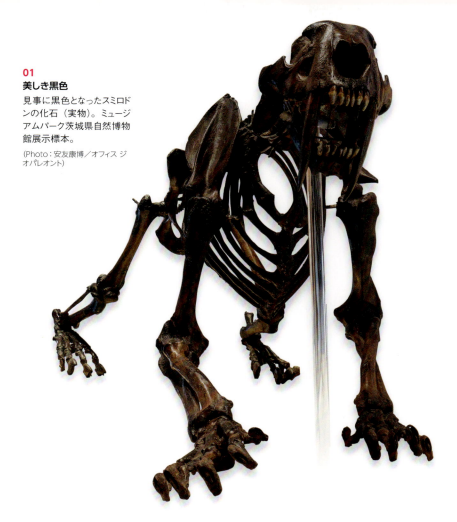

01
美しき黒色
見事に黒色となったスミロドンの化石（実物）。ミュージアムパーク茨城県自然博物館展示標本。
(Photo：安友康博／オフィス ジオパレオント)

ピードで成長したという。年間で7.2cm、3年で20cm超も歯がのびたことになる。

　この長い犬歯が何の役に立っていたかについては、議論があるところだ。上述のとおり、鋭さはあるものの厚みはなく、横方向の強度は低いのである。そのため、基本的には「相手を仕留める最後の一撃」として使っていたとみられており、相手を攻撃する際の主要な"武器"ではなかったという見方が有力だ。

○ とどめ用　　　✗ 攻撃用

スミロドンの犬歯は、獲物を攻撃する"通常兵器"ではなく、とどめをさす際にのみ使われていたとみられている。

話を戻そう。ロサンゼルスにあるランチョ・ラ・ブレアから見つかる剣歯虎スミロドン・ファタリスの化石は、ものの見事に黒色だ。漆黒ではなく、濃厚な茶色味を帯びた黒檀のような黒で、なんとも味わい深い。

ランチョ・ラ・ブレアからは、ほかにもアメリカライオン（*Panthera atrox*）、ダイアウルフ（*Canis dirus*）、コロンビアマンモス（*Mammuthus columbi*）、アメリカマストドン（*Mammut americanum*）など、さまざまな哺乳類の化石が見つかっており、そのどれもが黒檀のような美しい色となっている。「黒が好き」「こんな化石になりたい、化石を残したい」という読者も多いだろう。本章は、そんなあなたに向けたものだ。

ミイラ取りをよぶミイラ

スミロドンのような"黒色化"は、これまでに紹介した方法と比べると、ハードルが低いかもしれない。なにしろ、脊椎動物の実例があり、発見されている標本数が100万個オーバーとすさまじい。

ランチョ・ラ・ブレアから見つかる化石は、約3万8000〜3万9000年前のものだ。ラ・ブレア・タールピッツ博物館の

webサイトによると、これまでに159種の植物、234種の無脊椎動物、そして231種以上の脊椎動物の化石が確認されているという。この豊富な実績こそが、ランチョ・ラ・ブレアの"黒色化"した化石の最大の売りである。

ただし、ランチョ・ラ・ブレアの化石群には、奇異な点も存在する。通常、こうした大規模な化石群は、その地域の生態系をほぼ再現するとみられている。すなわち、脊椎動物において数が最も多いのは植物食動物で、次いで小型の肉食動物が多く、スミロドンのように生態系に君臨するような大型の肉食動物は最も数が少なくなる。いわゆる生態ピラミッドである。

しかし、博物館のwebサイトや『世界の化石遺産』（著：P. A. セルデン、J. R. ナッズ）によると、ランチョ・ラ・ブレア産の哺乳類化石における90％は、捕食者が占めているというのだ。植物食動物であるバイソン・アンティクウス（*Bison antiquus*）の化石は300個体以上、対して、スミロドン・ファタリスの化石は2000個体以上も見つかっている。生態系の頂点に立つような動物が、生態系の下位に位置する動物の約7倍となっているのは、まさに異様といわざるを得ない。鳥類化石においても、約70％は猛禽類に代表さ

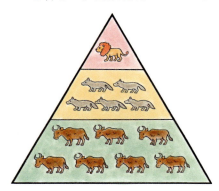

通常の生態ピラミッド

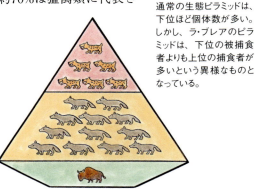

ラ・ブレアの生態ピラミッド

通常の生態ピラミッドは、下位ほど個体数が多い。しかし、ラ・ブレアのピラミッドは、下位の被捕食者よりも上位の捕食者が多いという異様なものとなっている。

れる捕食者のものだという。ランチョ・ラ・ブレアの化石群では、通常の生態ピラミッドが成り立っていないのだ。

もちろん、これは当時の生態系をそのまま反映したものではないだろう。ではなぜ、捕食者の化石ばかりが見つかるのか？

肉食動物の方が、植物食動物よりも化石として残りやすい……というわけではもちろんない。そこには、ランチョ・ラ・ブレアの特殊な事情が関係しているとみられている。前項の「黒色」とも大きく関係する話だ。

じつは、ランチョ・ラ・ブレアという化石産地は、ほかの化石産地のように、石灰岩などの"岩の地層"で構成されているわけではない。そもそも、「ランチョ・ラ・ブレア」は、スペイン語で「タールの牧場」という意味である。「タール」とは、油状の液体を指している。ランチョ・ラ・ブレアを構成するタール[02]は、粘り気のある「アスファルト」だ。前

02
黒色の"もと"
ランチョ・ラ・ブレアのタール。ミュージアムパーク茨城県自然博物館所蔵標本。

(Photo：安友康博／オフィスジオパレオント)

項で触れた化石の黒色は、このアスファルトが染み込んだことによるものである。

　アスファルトがたっぷり溜まった場所に足を踏み込むと、身動きがとれなくなる。深く溜まっている場所であるなら、もがけばもがくほど沈んでいく。底なし沼みたいなものだ。

　捕食者にとっては、身動きのとれない動物は、格好の獲物に見えたのかもしれない。それが仮に同種であっても、である。これ幸いとばかりに近寄って、そして自分もアスファルトに捕らわれて、身動きができなくなってしまう。

アスファルトにはまった動物が、肉食動物を引き寄せる。しかし、その肉食動物もアスファルトにはまり、また別の肉食動物を引き寄せる。そして、新たにやってきた肉食動物も……。まさに"ミイラ取りがミイラ"状態だ。

この繰り返しだ。ミイラ取りがミイラになるように、ラ
ンチョ・ラ・ブレアには、捕食者の遺骸ばかりが溜まってい
き、化石となっていく。"異様な生態ピラミッド"は、こ
うしてできあがったとみられている。

　これは、考慮すべき点だろう。あなたが黒く味のある化
石として残りたい、もしくはそうした化石を残したいので
あれば、ランチョ・ラ・ブレアのようなアスファルトの池に
沈むか沈めるかすればいい。ただし、その際には、「ほか
の動物を巻き込まない」よう注意が求められる。あなた、
もしくはあなたが化石として残したいものを狙って、捕食
者たちが近寄ってこないとも限らない。ミイラ取りを増や
すような状況は避け、完全にクローズされた空間が必要で
ある。

コラーゲンが残る

　ランチョ・ラ・ブレアの情報に関しては、『世界の化石遺
産』によくまとめられている。引き続き、同書を参考に情
報をまとめていくとしよう。

　この地に堆積したアスファルトは、動物達の遺骸を最良
の状態で保存することに大きな役割を果たしている。『世
界の化石遺産』の表現を借りれば、「骨や歯は、石油が染
み込んで褐色ないし黒色を呈することを除いてほとんど元
の状態で保存されている」という。ここでいう「石油」と
は、アスファルトのことだ。

　脊椎動物の骨は、おもにコラーゲンと燐灰石で構成さ
れ、コラーゲンは骨の弾力性に、燐灰石は骨の硬さに関係
している。死後、コラーゲンは失われやすいが、ランチョ・
ラ・ブレアの化石に関していえば、もとの状態の80%もの

コラーゲンが残存しているというから驚きだ。要は、黒くなっているだけで、骨としては「つい最近死んだような状態」なのである。

ほかにも、骨の表面に神経や血管の痕跡が残り、腱や靱帯の付着位置も確認できるという。頭蓋骨の内部までアスファルトがつまって、それが保護剤となって中耳の骨などが残されている場合もあるとのことだ。

内臓や皮膚などの軟組織を残さなくてもいいのであれば、ランチョ・ラ・ブレアの「アスファルトに沈む」という方法は、やはりおすすめの方法といえる。すでに述べたように"実績"としては十分で、スミロドンをはじめとして多くの大型脊椎動物の化石が、極めて良好な状態で発見されている。1個体だが、人骨が発見された例もある。

人工物もあり、貝殻製の装飾品、骨製品、木製のヘアピンなどが発見されているという。この状況を考えれば、たとえば、眼鏡をかけたまま化石になることも可能かもしれない。

一つ心配があるとすれば、ランチョ・ラ・ブレアは、現在でも石油物質の蒸発が進んでいることである。アスファルトが少しずつ減っているのだ。数万年レベルならばともかく、数十万、数百万、あるいはそれ以上の期間にわたって化石が保存されるかどうかはわからない。化石となったのち、比較的"早め"に発見されてもいいのならともかく、後世人類の次に登場する知的生命体に見つけてもらいたい場合は、賭けになるだろう。

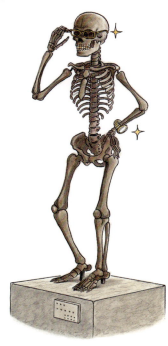

極めて良好な保存を誇り、また、大型脊椎動物の実績も十分。149ページのスミロドンのような黒く美しい化石になりたいなら、ラ・ブレア方式はおすすめといえる。

11 立体編
化石になりたい
～生きていたときの姿のままで～

"今、釣ってきました"

　化石に興味があるならば、「魚化石」のファンも多いのではないだろうか。もしも、あなたが釣りを趣味としていて、魚を釣った記念に「魚拓をとる」「あえて手間をかけて剝製にする」というのなら、「化石にする」という選択肢もぜひ検討してほしい。

　魚の化石の有名なものは、アメリカのグリーンリバー産[01]のものだ。油母頁岩編(P.120～)で紹介したドイツのグルーベ・メッセル産の魚化石を見たことがあるという人は、なかなか"通"かもしれない。

　よく見ることのできる魚化石には、共通した特徴がある。基本的に扁平なのだ。グルーベ・メッセル産の魚化石などは、鱗の1枚1枚まで保存されるほど良質であっても、ぺしゃんこになっている。

　魚化石が扁平である理由は簡単だ。陸上動物とちがって、彼らは頑強な肋骨をもたない。そのため、圧縮による力に弱く、どんなに保存の良いものでも、母岩の上にプリントされているかのようなありさまだ。

　「いや、どうせなら釣ったときの姿のままで化石にしたい」。そんなあなたに朗報だ。

　魚化石は平たい。そんな"常識"を覆す化石が多数見つかる産地がブラジルにある。首都ブラジリアから北東に約1260kmの距離にあるアラリッペ台地だ。日本の岩手県に近い面積をもつこの広大な土地には、「サンタナ層」とよ

01
"普通"の魚化石
グリーンリバー産のナイティア（*Knightia*）。標本長11cm。細部まで保存されているが、ぺしゃんこである。

(Photo：オフィス ジオパレオント)

ばれる白亜紀前期の地層が分布している。このサンタナ層からは、世にも珍しい「立体的な魚化石」が産出する。

サンタナ層産の化石といえば、東京の城西大学にある水田記念博物館大石化石ギャラリーが有名だ。興味のある人は、実際に訪ねてみることをおすすめする。最寄り駅は東京メトロ有楽町線麹町駅、南北線・半蔵門線の通る永田町駅、半蔵門線の半蔵門駅。いずれの駅からも徒歩5分ほどの距離にある。周囲はマンションが建ち並ぶ、ビジネス街と住宅街が混在するような地域で、「まさかここに？」と思うような立地である。

本書では、特別な許可を得て、大石化石ギャラリーの標本群を撮影させていただいた。そのいくつかをここで紹介しよう。

まずは、現生のニシンに近いとされるラコレピス（*Rhacolepis*）[02]である。標本長42.7cmで、頭部から尾の先まで極めて立体的に保存されている。鱗や鰭なども見事に残存し、まさに「今、釣ってきました」といわんばかりの良質な標本だ。腹側から掘り出されており、下顎のつくりなどを詳しく観察することができる。

02
圧倒的な立体感!

サンタナ層産のラコレピス。前ページのナイティアと比較していただきたい。

(Photo：大石コレクション（展示：城西大学 大石化石ギャラリー）：安友康博／オフィス ジオパレオント)

ラコレピスに関しては、標本長25cmの小さな標本[03]も見逃せない。こちらには鰭は残っていない。その代わり、ではないけれども、腹部表面の一部が割れていて、中を覗くことができる。そこにあるのは方解石の結晶だ。いかに見た目が、"今、釣ってきました"レベルであっても、この標本がたしかに化石であることがよくわかる。

アミアの仲間とされるカラモプレウルス(*Calamopleu-*

 11 立体編

rus)[04] の標本もなかなかの保存だ。この標本は、体の部分は少し痩せ細っているけれども、頭部はしっかりと概形を確認できる。体が細くなっているだけに、頭部の幅の広さが強調され、そのアンバランス感がなんともおもしろい。なお、カラモプレウルスについては、**標本長105cmの大きな標本**[05] も必見だ。体は潰れているけれども、鱗の残り具合がすばらしく、うっすらと脊椎の盛り上がりも確認できる。

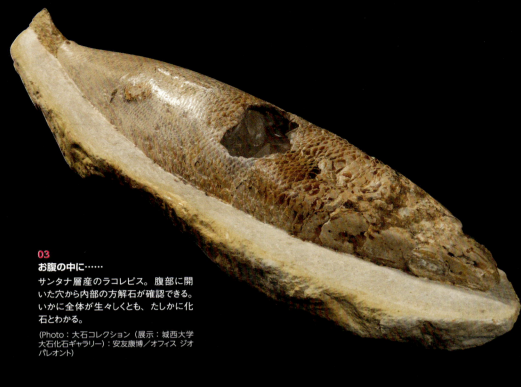

03
お腹の中に……
サンタナ層産のラコレピス。腹部に開いた穴から内部の方解石が確認できる。いかに全体が生々しくとも、たしかに化石とわかる。
(Photo：大石コレクション（展示：城西大学大石化石ギャラリー）：安友康博／オフィス ジオパレオント)

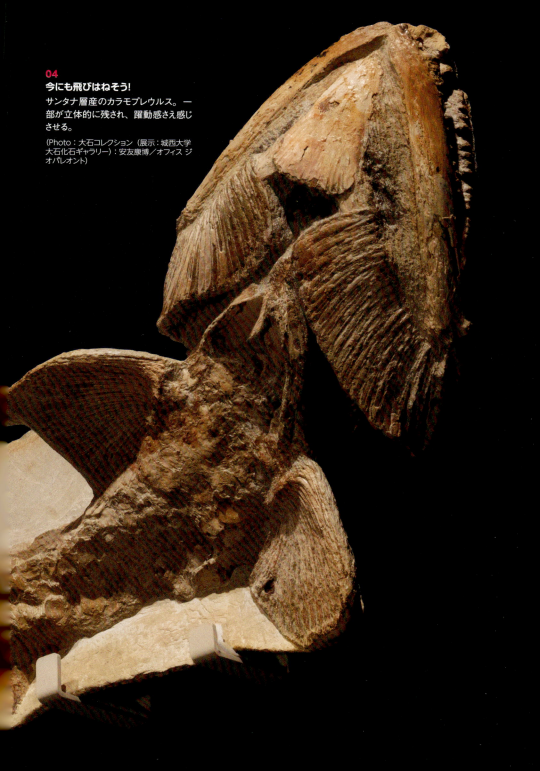

04
今にも飛びはねそう！
サンタナ層産のカラモプレウルス。一部が立体的に残され、躍動感さえ感じさせる。

(Photo：大石コレクション（展示：城西大学大石化石ギャラリー）：安友康博／オフィス ジオパレオント)

05
鱗がびっしり

サンタナ層産のカラモプレウルス。立体感は弱いものの、この鱗の保存は……なんということでしょう！

(Photo：大石コレクション（展示：城西大学　大石化石ギャラリー）：安友康博／オフィス ジオパレオント)

メデューサ・エフェクト

　なぜ、サンタナ層産の魚化石は、かくも立体的に残るのだろうか？

　そのメカニズムに関しては、イギリス、オープン大学のデイヴィッド・M・マーティルが1980年代末に論じ、P・A・セルデンとJ・R・ナッズが『世界の化石遺産』（2009年刊行。原著は2004年刊行）にまとめている。

　立体的に保存される、その過程は2段階に分かれているようだ。

　第1段階は、魚本体の成分が変化して、化石になることである。これがどうやら急速に行われたらしい。サンタナ層産の魚化石は、軟組織の細部までリン酸カルシウムと化

している。リン酸カルシウムは、脊椎動物においては骨、つまり硬組織の主成分だが、軟組織までもリン酸カルシウムとなっているのは驚きだ。

　軟組織には、通常であれば死後5時間以内にバクテリアによって分解されるものもある。そうした事情から、魚化石のリン酸カルシウムへの変化（リン酸塩化）は、部位による差は大きかったものの、最速で死後1時間以内に始まったとみられている。

　1時間以内！　死の悲しみに浸る間さえない。

　このように短時間で化石となった現象は、「メデューサ・エフェクト」と名づけられた。メデューサとは、蛇の髪をもち、その姿を見たものを石に変えるというギリシア神話の怪物である。

163

　いったいどのような環境で、メデューサ・エフェクトは起きたのだろうか？

　サンタナ層が堆積した水域については謎が多く、外洋だったのか、外洋とは隔絶された内海だったのか、という点にも結論は出ていない。しかし、外洋であれば、一緒に見つかっていいはずの化石がサンタナ層では発見されていないのだ。たとえば、アンモナイト。サンタナ層は白亜紀前期の地層で、殻の化石は残りやすいので、環境が「外洋」であれば見つかっていいはずである。また、ワニやカメなど陸に近い場所に生息する爬虫類の化石が見つかる一方で、魚竜類など外洋の海棲爬虫類の化石は未発見だ。

　こうして見ると、サンタナ層が堆積した水域は外洋ではないように思える。しかし、話は簡単ではない。なぜなら、サンタナ層産の魚化石は、外洋で暮らしていたとみられる種が多いからだ。そのため、この場所はもともと浅い湾で、外洋とは基本的には隔絶していたものの、時折、たとえば、海水準が上がったときなどには、外洋とつながっていたのではないか、という意見がある。ただし、この見方はアンモナイトの化石が見つからない理由を完全に説明できるわ

サンタナ層をつくる浅い湾は、基本的には外洋と離れていたものの、嵐などの際は外洋とつながったのかもしれない。魚たちは、このときにやってきたのだろうか？

けではなく、謎は多い。

　いずれにしろ、この海域の水底には高塩分濃度の重く有毒な水塊があり、その水塊が拡大することで、魚たちが一気に死んだとみられている。突然の大量死は、その死骸を分解するバクテリアを活性化させ、結果として水塊中の酸素が著しく欠乏した。こうした環境では水塊の性質が酸性に寄るとみられており、遺骸のリン酸塩化を促進したという。こうして、メデューサ・エフェクトが始まったとみられている。

　いかにリン酸塩化しようとも、のちに堆積する地層の重みで壊れてしまうことも多い。ところがサンタナ層産の魚化石の場合は、コンクリーションとよばれる岩塊に覆われている（コンクリーションについては、火山灰編 (P.90〜) も参照）。そのおかげで、体が立体的に保存されているのだ。

　このコンクリーションの形成こそが、保存過程の２段階目だ。そして、大きな謎でもある。

　リン酸塩化した魚化石が立体的に保存されるには、コンクリーションによって速やかに包まれなければならない。しかし、コンクリーションの主成分は炭酸カルシウムで、魚化石とは異なる成分をもっている。そして、リン酸塩化は酸性環境で促進するのに対し、炭酸カルシウムは酸性環境では水の中に溶けていて集まらないのだ。生成のメカニズムが相反しているのである。

165

すなわち、魚化石を包んだ炭酸カルシウムのコンクリーションができるためには、魚化石のまわりだけでも酸性が弱まらなければいけない。マーティルは海底付近が特殊な環境だった可能性を挙げており、『世界の化石遺産』では、リン酸塩化が起きたあとで遺骸からアンモニアが放出された可能性を挙げている。水に溶けたアンモニアはアルカリ性で、炭酸カルシウム化を促進する効果がある。

　さて、読者のみなさんが挑戦する場合、残念ながら、この方法は謎が多くて困難をともないそうだ。前項で「釣った魚を化石にするという選択肢も検討してほしい」と書いたばかりだけれども……申し訳ない。

　それでもチャレンジをしてみようという方は、まずはリン酸塩化が促進されるような酸性環境に魚を沈めてみるといいだろう。結果が出るかどうかを長く待つ必要はない。数時間で変化があるかどうかがわかるのが、この方法のすばらしい点だ。サンタナ層産化石のメカニズムが見事解明されて、「釣った魚、化石にします」というお店が港や河岸、釣り堀のそばにあれば、大盛況になるにちがいない。

釣った魚をその場で化石に。お急ぎの方は、あとで宅配いたします。こんなお店が欲しい！

顕微鏡サイズではまるっと残る

　一般的に顕微鏡サイズの化石は、立体的に保存されている。有孔虫や放散虫といった微化石は、炭酸カルシウム製や二酸化ケイ素製の硬い殻をもち、その微細構造がよく保存される。これらの化石は、岩石をつくる粒子と同等かそれ以上に小さいものも多く、それゆえに粒子と粒子の間に入り込んで、潰されずに保存される。有孔虫や放散虫の化石の美しさについて語るのは別の機会に譲るとして、ここでは、軟組織の残った微化石に注目しよう。

　基本的に立体構造がよく保存される微化石といえども、軟組織まで残っているものは極めて珍しい。本書では、すでに一つの例として、ヘレフォードシャーの微化石をいくつか紹介した（火山灰編 (P.90〜) 参照）。しかし、ヘレフォードシャーの微化石は厳密には「鋳型」であり、軟組織の"本体"がまるっと残っていたわけではない。本章で紹介するのは、その軟組織自体がきれいに保存された化石群である。

　その化石群は、スウェーデンの内陸部、ヴェーネルン湖に近い場所で採集することができる。「オルステン動物群（あるいは、オーステン動物群）」とよばれ、通常では残らない眼、鰭や脚などが保存されているとして、研究者の熱い視線を集めている。

　いくつか代表的な種とその標本を紹介しよう。

　何はなくとも紹介しておきたいのは、カンブロパキコーペ（*Cambropachycope*）[06] だ。全長1.5mm強の節足動物で、頭部の先端が大きな複眼の「一つ眼」となっている。そのインパクトたるや圧倒的で、古生物の新たなファン層を生み出すのに一役買ってくれると筆者は確信している。胴部

167

06 複眼のレンズまで残る
カンブロパキコーペ。左端に複眼を構成するレンズを確認できる。
(Photo : Center of 'Orsten' Research and Exploration)

07 複眼の付け根
ゴティカリス。複眼の付け根に"マラカス"が残っていた。
(Photo : Center of 'Orsten' Research and Exploration)

08 細かなつくりも
ブレドカリス。艶かしい脚も残っている。ただし、この画像は3個体の部分化石から合成されたもの。
(Photo : Center of 'Orsten' Research and Exploration)

はエビに近い形状をしているものの、パドル状の大きな付属肢をもち、この動物が一定以上の遊泳能力をもっていた可能性を示唆している。

全長2.7mmの**ゴティカリス（*Goticaris*）**[07]もまたおもしろい。こちらも頭部の先端は大きな複眼になっている。特徴的なのは、複眼の付け根部分だ。そこに、マラカスのような構造が左右1個ずつ付いている。この"マラカス"は、光の明暗だけを感じることができる正中眼だったとみられている。

ブレドカリス（*Bredocaris*）[08]も紹介しておこう。発生段階後期のものとみられるその化石は、全長1.4mmほど。頭部は殻で保護されていて、その下に眼と多数の脚がある。ちょっとした戦車のような印象だ。

アグノスタス（*Agnostus*）[09]も忘れてはいけない。2枚の殻をもつ動物で、かつては三葉虫類の仲間とみられていた。しかし、オルステン産の化石を見ると、脚の形状が、たとえばビーチャーの三葉虫床などで確認できる三葉虫のものとまるで異なる（146ページ参照）。ゆえに、アグノスタスは「三葉虫類ではない」という見方がある。一方で、このアグノスタスは幼生とみられ、まだ三葉虫類の特徴が現れていないだけという可能性もあり、結論は出ていない。何はともあれ、通常は化石として残りにくい脱皮・孵化前の「幼生」でさえこうしてしっかり保存されている点はすばらしい。

ヘスランドナ（*Hesslandona*）[10]も紹介しておこう。殻とその内部のさまざまな構造が残り、ちょっとしぼんでいるが、眼も確認できる。頭部を挟むように大顎があるその面相はなんとも愛嬌があるではないか。

節足動物だけではない。たとえば、「線虫」とよば

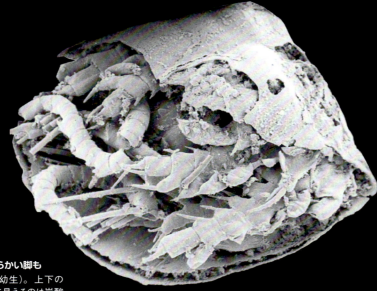

09
硬い殻も、柔らかい脚も
アグノスタス（幼生）。上下の殻および中央に見えるのは炭酸カルシウムの硬組織。それに加え、触覚や脚も確認できる。

(Photo：Center of 'Orsten' Research and Exploration)

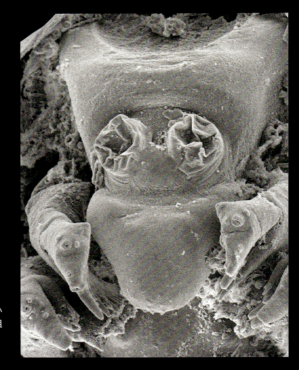

10
多少しぼんではいるけれど
ヘスランドナ。多少しぼんではいるけれども、眼をはじめとして軟組織がきれいに残っている。

(Photo：前田晴良 / SEPM)

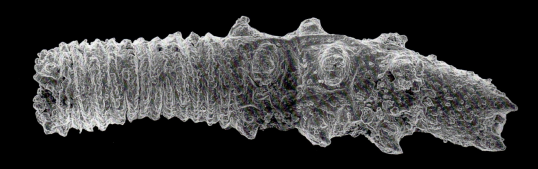

11
線虫だって
シェルゴルダーナ。線形動物、いわゆる「線虫」でもこうして化石として残る。
(Photo: Center of 'Orsten' Research and Exploration)

れる動物の化石も残っている。シェルゴルダーナ（*Shergoldana*）[11]だ。全長0.2mmに満たない小さな動物だけれども、アコーディオンのようなつくりの微細構造がしっかりと残る。オルステン動物群では、ほかにも、さまざまな微小動物が全身まるごと残されており、その標本は枚挙にいとまがない。

ポイントは"汚物溜め"

　なぜ、オルステン動物群では、硬組織と軟組織がともに化石として残ったのだろうか？
　1970年代にオルステン動物群が発見されて以降、その理由は謎に包まれていた。しかし2011年、本書の監修者である九州大学の前田晴良と金沢大学の田中源吾たちの研究グループによって、その謎に迫る研究が発表された。前田たちは、オルステン動物群の化石が、厚さわずか3cmほどの特定の地層から見つかることを明らかにした。そして、その薄い地層には、糞粒が集中している[12]ことを突き止め

171

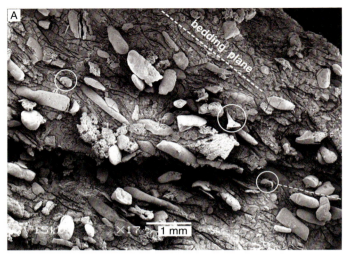
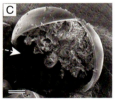

12
糞の密集が鍵

左の電子顕微鏡写真で、楕円形や棒状のものはすべて糞。そのなかに、小型動物化石（○で示した部分）が確認できる。その一つを拡大したものが右の画像。殻を半開きにしたヘスランドナが埋まっている。

(Photo：前田晴良 / SEPM)

た。オルステン動物群の良質な化石は、大量の糞にまみれて保存されていたのだ。この糞は、三葉虫のものとみられている。

　前田たちは、この大量の糞こそがオルステン動物群の良質な保存の理由であるとみている。糞の中にあるリン酸カルシウムが、生物体をコーティングして、軟組織も硬組織もともに保存した、というわけである。リン酸カルシウムは、私たち脊椎動物の骨の主成分でもあり、基本的に硬く、微生物によって分解されにくい。リン酸カルシウムがいち早く動物の遺骸を覆ったことで、軟組織も分解されることなく残ったというわけだ。前田たちは、この研究を発表したプレスリリースで、この保存のことを「汚物溜め保存」とよんでいる。糞粒が濃集したオルステンと同じような地層は、世界各地にある。前田は、そうした地層を調べれば、良質に保存された新たな化石群を発見できる可能性がある、と指摘している。

"大人の事情"によりこのイラストは少々爽やかな感じになっている。この方法を選ぶ場合には、「尊厳」をどう考えるかが肝だ。

　さて、本書を執筆するにあたり、筆者は「ヒトを化石として保存するのにいちばんいい方法は何か」という質問を前田に投げかけていた。前田の回答は、この「汚物溜め保存」であった。「ヒトとして"大切なもの"を失ってよければ、肥溜めに沈むことは一つの手段でしょう」とのことだ。昨今の日本では、肥溜めをなかなか見かけないけれど、糞尿に沈んでリン酸カルシウムにコーティングされれば、オルステン動物群に起きたことと同様の現象が期待できるのだ。軟組織も硬組織も保存されるということは、服を着たまま、まるっと残ることも夢ではないかもしれない。

　もっとも、ヒト一人分をコーティングするのに必要な糞尿の量はなお不明であるし、前田が指摘するように、ヒトとして"大切なもの"を失ってしまう覚悟がなければ実行できない。いろいろと悩ましい。

12 岩塊編
〜岩のタイムカプセル〜

化石を保存する岩塊

　良質な化石が保存されている典型例として、世界各地の地層で確認されているものがある。それが「コンクリーション」だ。

　本書では、シルル紀の小さな生物たちを閉じ込めたヘレフォードシャーの例（火山灰編 (P.90〜) 参照）や、魚化石を立体的に残したサンタナ層の例（立体編 (P.156〜) 参照）をすでに紹介している。ここでは、コンクリーションについてさらに詳しく説明したい。

　コンクリーションは、「ノジュール」ともよばれる岩の塊である。形状は、球もしくは楕円体のものが多い。大きさはさまざまで、ピンポン玉より小さなものから、運動会で使われる"玉転がし"の玉より大きなものまである。

　サンタナ層の魚化石で見たように、コンクリーションのなかには、良質な化石が残っていることが多い。アンモナイトの殻であれば、細かな構造がはっきりと残り、場合によっては、往時の輝きさえ保たれている場合もある。

　ほかにも、二枚貝類、クビナガリュウ類、クジラ類といったさまざまな動物の化石が、世界各地で見つかるコンクリーション内に残されている。これらの動物は、いずれも水棲であるということがポイントだ。ごくたまに、恐竜など陸上動物の化石がコンクリーション内に残されている場合もある。そのケースにおいては、死骸が海に流されたのち、コンクリーションとして保存されたとみられている。

水棲動物の専門家がフィールドで化石を探す際は、目印としてまずコンクリーションを探すことが多い。ほとんどの場合、コンクリーションは外から見ただけでは、何が入っているかわからない。だから、目についたコンクリーションを「まず割る」ということは、専門家の基本行動の一つとなっている。

それは、宝探しにも似ているかもしれない。地質図という宝の地図を読み、化石がありそうな地層を特定する。研究仲間たちとも情報を交換し、どの地域のどのような場所に、その地層が露出しているのかを絞り込んでいく。そうして現場を訪ね、コンクリーションという宝箱を見つけたときの興奮と、それを割るときのドキドキ感はたまらないものだ。

筆者は、大学・大学院時代に北海道で野外調査をしながら、まさにこうした化石探しを行なっていた。化石を探し、見つかった場所を記録し、周囲の地層との関係を分析する。ざっくりといえば、そんな研究であった。

調査は基本的に1人で行なっていたけれども、進行状況の確認と年次の若い学生の指導のため、たまたま教官がほかの学生2人を連れて筆者のフィールドにやってきたことがある。直径50cmはあろうかという大型のコンクリーションを発見したのは、そんなときだった。

50cmである！　大きなコンクリーションには、大きな化石が含まれていることが多い。中にいったいどんな"大

「コンクリーションを見つけたら、まず、割る」は、化石採集の基本中の基本。表面をよく見て、ある程度中身に見当をつけてから割るという玄人も。採集にあたっては、専用のハンマーや軍手など、それなりの装備をそろえること。

物"が入っているのかと、一同は大興奮。直径50cmの岩の重量たるや……しかし、妙なスイッチが入ったハイな状態の我々には、重さはあまり気にならなかった。掘り出したそのコンクリーションを、なんとか林道に停めていた車までもち帰った。

翌日、筆者は最寄りの博物館を訪ね、大型のハンマーを借りた。コンクリーションがあまりにも大きくて、手持ちのハンマーでは割ることができなかったのだ。学芸員にハンマーの使い方のコツを教わりながら、それなりの時間をかけて、なんとかコンクリーションを割ることに成功した。

……入っていなかった。

そのコンクリーションには、何の化石も含まれていなかったのだ。

あのときの脱力感。今でもしっかり覚えている。このように苦労して見つけ、掘り出し、割ることに成功しても、「中身は空っぽ」ということも珍しくはない。まさしく宝探しなのだ。

さまざまなコンクリーションたち

名古屋大学博物館では、2017年春にコンクリーションを集めた企画展を行なった。ここでは、特別な許可を得て撮影したそれらの標本を紹介しよう。

まずは、まるで惑星のようにまん丸な形をしたコンクリーション[01]である。宮崎県都城市に分布する古第三紀の地層から産出したもので、直径約50cm、重さ約40kgという大物だ。内部に化石は確認されていない。筆者が学生時代に北海道で見つけたコンクリーションも、このくらいの大きさだったと思う。

01
直径50cmの"大物"
宮崎県都城市の採石場では、このくらいのコンクリーションがゴロゴロ採れる。ハンマーで割れる大きさではないので、ダイヤモンドカッターで断ち割ったところ、内部に骨や殻などの化石はなかったという。名古屋大学博物館所蔵。
(Photo：安友康博／オフィスジオパレオント)

02
ピンポン球サイズ
北海道中川町天塩川沿いのある限られた場所で見つかった小さなコンクリーションを、周囲の岩ごともってきたもの。内部に骨や殻などの化石はなかったという。名古屋大学博物館所蔵。
(Photo：安友康博／オフィスジオパレオント)

　コンクリーションの大きさはさまざまで、直径50cmの大物もあれば、ピンポン玉よりも小さなもの[02]もある。北海道中川町を流れる天塩川沿いに露出する白亜紀の地層では、直径1〜2cmのコンクリーションが多産する。こちらは割ると何も入っていないように見えるが、断面を磨くと"何らかの模様"が見えるという。

　滋賀県甲賀地域に分布する新第三紀中新世の地層から

177

03
カニ入り？
滋賀県甲賀地域で見つかったコンクリーションを、周囲の岩ごともってきたもの。この地域のコンクリーションは、内部にカニや二枚貝の化石が入っているものが多い。名古屋大学博物館所蔵。
（Photo：安友康博／オフィスジオパレオント）

アンモナイトの一部

04
アンモナイトが見える
北海道三笠市で見つかったコンクリーション。画像右に殻の一部が見えている。こうした「殻の一部が見えるアンモナイト」は、じつは珍しいものではない。名古屋大学博物館所蔵。
（Photo：安友康博／オフィスジオパレオント）

は、数cmから20cm程度のコンクリーション03 が見つかる。中には、カニのツメや二枚貝などが含まれていることが多い。

　北海道三笠市の白亜紀の地層から見つかったとされる直径15cmほどのコンクリーションは、一見すると"普通のコンクリーション"ではあるが、よく見るとアンモナイトの殻の一部04 が顔を出している。割らずともわかる"当た

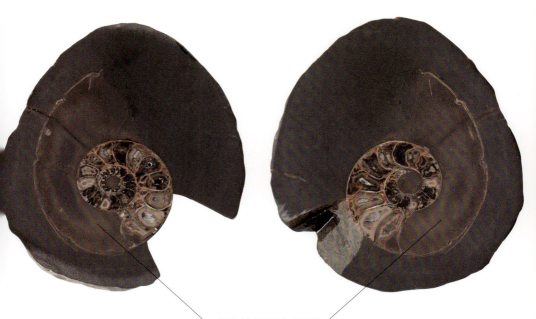

住房（軟体部の入る空間）

05
内部までびっしり
イギリス、ヨークシャー地域に分布するジュラ紀の地層から見つかったコンクリーションを、ダイヤモンドカッターで切断したもの。きれいに残ったアンモナイトの内部構造に、コンクリーションの成分が細部に至るまで詰まっていることがわかる。アンモナイトの殻口側は、コンクリーションの膨らみがやや大きい。直径11cm。名古屋大学博物館所蔵。
（Photo：安友康博／オフィスジオパレオント）

り"のコンクリーションだ。筆者も学生時代に似たようなものを見つけたものだ。フィールドで、この類のコンクリーションを見つけたときは、中身が推測できるためにワクワク感は薄れるけれども、"はずれ"ではないという安心感がある。

　典型的な"当たり"のコンクリーションは、ダイヤモンドカッターなどを用いて真っ二つに断ち割ることで、中に含まれた標本の断面構造を確認することもできる。たとえば、アンモナイトを含むコンクリーション[05]では、殻の内部に小さな部屋が連なっていることや、最外周にとりわけ大きな部屋があることもわかる。ちなみにこの部屋は「住房」とよばれる、アンモナイトの軟体部が入っていた場所である。

　この企画展の標本で、とくに筆者の目を引いたのは、アンモナイトの殻口にだけ発達したコンクリーション[06]

06
殻口に！
モロッコの地層から採集された長径約23cmのアンモナイト化石。殻口のみにコンクリーションがつくられている。その意味するところとは……ぜひ本文を参照されたい。名古屋大学博物館所蔵。
（Photo：安友康博／オフィスジオパレオント）

07
化石が大きければ
富山県富山市の新第三紀の地層から産出したツノガイのコンクリーション。等縮尺にて掲載。ツノガイの大きさに比例して、コンクリーションも大きくなっていることがわかる。左端のコンクリーションの大きさが3cmほど。名古屋大学博物館所蔵。
（Photo：安友康博／オフィスジオパレオント）

だ。モロッコ産の標本である。この標本は、次項で紹介するコンクリーションの形成メカニズムと大きく関係する。ちょっとご記憶いただきたい。

　コンクリーションの形成メカニズム、といえば、富山県富山市の約2000万年前の地層から見つかった**ツノガイのコ**

ンクリーション[07] も興味深い。全体がコンクリーションに覆われているのではなく、まるで動物の尻尾のように、殻がぴょんと突き出ているのである。一つだけこのようになっているのなら偶然かもしれないが、多数のコンクリーションで同じことが起こっている。しかも、ツノガイの化石が大きければ大きいほど、コンクリーションも大きくなる傾向がある。

意外と早くできる？

多くのコンクリーションの主成分は炭酸カルシウム、すなわち、炭素と酸素、カルシウムである。従来の考えでは、水底に沈んだ動物の遺骸のまわりに、何らかの理由でこれらの元素が濃集し、長い時間をかけてコンクリーションが形成されるとみられていた。「長い時間」というのは、かなり漠然とした認識で、おおむね数万年以上の時間がかかるものとされていた。

この"定説"を覆したのが、2015年に名古屋大学博物館の吉田英一たちによって発表された研究である。

吉田たちは、前項で紹介した富山市のツノガイのコンクリーションに注目。そのコンクリーションをツノガイの化石ごと真っ二つに断ち割ったところ、コンクリーションの中心に殻の口の部分が位置している[08] ことに気づいた。1つの標本だけではない。いずれの標本も、殻口がコンクリーションの中心に位置していたのである。

このことから吉田たちは、コンクリーションの材料がツノガイの殻口から供給されたのではないか、と考えた。ツノガイの殻口にあるもの……つまり、ツノガイの軟組織である。

08 コンクリーションの中心

ツノガイのコンクリーションを、ダイヤモンドカッターで周囲の母岩ごと真っ二つに断ち割ったもの。ツノガイの殻口がコンクリーションの中心にあることがわかる。
（Photo：安友康博／オフィス ジオパレオント）

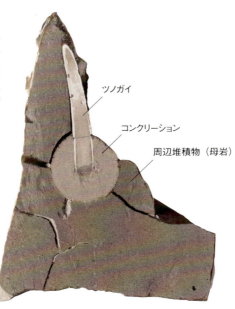

断ち割る前のツノガイのコンクリーション

ツノガイは、文字通り「ツノ」状の貝をもち、海底の砂や泥の中に生息する。現生種がいるため、軟組織の炭素成分と、コンクリーションの炭素成分を比較検討することが可能となった。

　この視点に立てば、ツノガイの化石が大きければ大きいほど、コンクリーションも大きくなる傾向があることに納得がいく。化石が大きいということは、当然、往時の軟組織も大きかったはずだ。つまり、材料も多いということになり、コンクリーションも大きくなるというわけである。

　軟組織は、コンクリーションの材料である炭素と酸素の成分を含む。吉田たちは、コンクリーションの炭素成分と、現生のツノガイの軟組織をつくる炭素成分が同じものであることを突きとめた。

　ちなみに、ツノガイの殻をつくる炭素の成分は、海水中に溶け込んでいる炭素と同じであり、軟組織の炭素とは別

である。炭素にもいろいろあるのだ。このことから、コンクリーションの材料が「殻」ではないことがわかる。もっとも、コンクリーションが殻を材料にしてできているのであれば、コンクリーションに自らの一部を提供していたことになるので、殻の化石はスカスカであるはずだ。これは、コンクリーション内の化石の保存が良いことと矛盾する。

コンクリーションの材料が軟組織だとすると、硬組織をもたない動物がコンクリーションをつくることだってありうる。事実、前項で紹介した都城市の大型コンクリーションや、中川町の小型コンクリーションは、中身には、骨や殻は確認できなかったけれども、コンクリーションの成分に、生物の軟組織起源の炭素が含まれていることが明らかになっている。ちなみに、都城市のコンクリーションには、エチゼンクラゲ1匹分くらいの炭素量が含まれていたという。骨や殻などの硬組織はなくても、空っぽではなかったのだ。……ということは、筆者が学生時代に見つけた「大きかったけれど、中に何も入っていなかったコンクリーション」も、大学にもち帰って化学分析をかければ、何か新たな発見につながったかもしれない。じつに惜しいことをしたものである。

さあ、今度は180ページで紹介したモロッコのアンモナイトを思い起こしていただきたい。どうだろう？　このアンモナイトは、コンクリーションがあるのは殻口部分のみ。殻口にコンクリーションができているということは、まさにそこから材料が供給されたと解釈できる。全体にコンクリーションの形成が及んでいないのは、何らかの事故によって形成が中断されてしまったからかもしれない。あるいは、この個体は軟組織が小さかったのか……。

さて、コンクリーションの重要成分として、炭素と酸素

  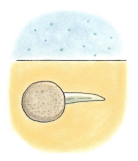

海水中のカルシウムと軟組織の炭酸イオン（炭素と酸素を含む成分）が反応。

コンクリーションが形成される。

軟組織がなくなるとコンクリーションの形成も止まる。

のほかにもう一つ、カルシウムが挙げられる。これは、海水中に溶けている。水中で軟組織が腐敗することで炭素と酸素成分が供給され、供給されたそばからカルシウムと反応してコンクリーションをつくる。そして、供給源である軟組織がなくなったら、コンクリーションの形成が止まるというわけである。

さて、ここで一つの疑問が出てくる。コンクリーションの材料が動物の軟組織であるというなら、形成に数万年もかかっていたとは考えにくい。永久凍土のように丸ごと冷凍され、いわば"時間が止められている"のであればともかく、これらのコンクリーションの場合、ことは海底の泥の中で起きている。果たして、遺骸の腐敗・分解に数万年もかかるものだろうか。

吉田たちは、コンクリーションの断面構造と、炭酸カルシウムがつくられる反応速度から、コンクリーションの形成時間を計算することに成功した。その計算の結果、直径10cmのコンクリーションは1年ほどでつくることができる

という。直径2mの巨大なものであっても、10年ほどで形成されるとのことだ。従来の認識からみれば、「あっという間」といっていい短期間で形成されることになる。

泥パックで沈む

　前項で述べたことが本当なら、この方法で化石になることは、思ったよりもハードルが低いかもしれない。あなたが化石になりたいのなら、あなたの遺骸の軟組織がそのままコンクリーションの材料となるからだ。本書でこれまで見てきたような"特別な環境"は必要ない。

　ただし、単純に「死んでから海に沈めてもらえればOK」というほど簡単ではない。それでは、魚をはじめとする動物たちに遺骸が荒らされてしまう。よしんば、そうした魚たちがいなかったとしても、腐敗・分解の過程で出た炭素や酸素成分は、そのままでは水中に拡散してしまうだろう。コンクリーションを形成するためには、水中のカルシウム成分と反応する間、遺骸のまわりに炭素や酸素成分が留まっている必要がある。

　魚たちに荒らされず、腐敗・分解によって出た物質が海水中に拡散しないためには、海底の泥に埋もれる必要がある。泥は、含水率が高ければ高いほど理想的で、たとえば粘土のような泥がいいだろう。海に沈む前に、全身を粘土で覆っておくといいかもしれない。

　うまくいけば、あなたの軟組織を材料にコンクリーションの形成が始まり、軟組織が尽きた時点でコンクリーションの形成が終わる。この章で見てきたのは無脊椎動物のコンクリーションだが、脊椎動物に関しては海棲哺乳類の例もある。たとえば、クジラやイルカは頭部に「脳油」があ

185

コンクリーションで包まれるには

水中で炭素や酸素が拡散しないように、泥パックで薄く覆う。

できるだけ海流のない海底に静かに沈め、動物に襲われないように祈る。

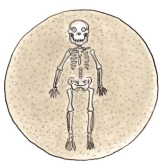

うまくいけば、軟組織を材料にコンクリーションができて、体がすっぽり覆われるかもしれない。

るためか、頭部は比較的残りやすいという。

　大量の有機物があった方が、大きなコンクリーションができる。その視点から考えれば、痩せているよりも太っている方が、大きなコンクリーションをつくることができる、すなわち、全身を保存できる可能性が高くなる。ダイエットはNGだ。ちなみに、無理なダイエットは骨にもダメージを与える。化石として残りたいのであれば、コンクリーション形成に関係なく、ダイエットはおすすめできない。

　この方法で、衣服が残るかどうかは成分によるだろう。でも、メガネや指輪といった無機物の小物は、保存される可能性が高いため、体から離れないように身につけておけば、コンクリーション内に残るかもしれない。

　沈む場所は、海底にあまり水流のないような場所がいい

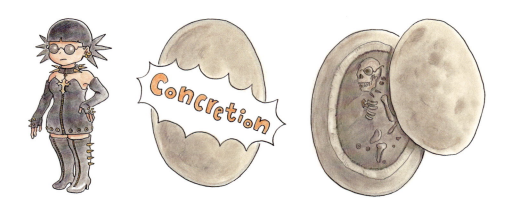

さあ、岩の中に！あなたの体をコンクリーションで保存するなら、メガネやアクセサリーなどの小物をつけた状態になるのも手だ。ちょっとおしゃれな化石になるかもしれない。ちなみに、クジラの頭骨では2m級のコンクリーションができた例がある。ヒトの場合も同等か、それ以上に大きなコンクリーションとなるかもしれない。

だろう。遠洋で水深の深い場所が望ましい。

　ひとたび、コンクリーションが形成されれば、それは強固なタイムカプセルとなる。基本的にコンクリーションはまわりの地層よりもかなり硬いので、そう簡単に壊れることはない。また内と外の化学成分の移動もほとんど遮断する。

　あとは、適当なタイミングを見計らって海底から引き上げてもらい、きれいに割ってもらえば完成である。長く待つ必要はない。コンクリーションの形成速度は早いのだ。軟組織をなくしたあなたが、コンクリーションの中から現われることになる。

187

番外編
～再現不能の特殊環境？～

硬軟ともに保存率高し

　カナダにあるバージェス頁岩からは、硬組織も軟組織もともによく残った、約5億500万年前の海洋動物の化石が産出する。古生代カンブリア紀の化石を多く含む地層だ。

　バージェス頁岩は、科学史に燦然と輝く地層だ。古生代カンブリア紀という時代は、生物本体の化石がよく残っている時代としては最古に当たる。バージェス頁岩は、そんな時代の動物相を鮮明に記録している。1909年にアメリカの古生物学者、チャールズ・ウォルコットがこの化石層を発見しなければ、私たちのカンブリア紀に対する理解は、もっと遅れていたにちがいない。

　バージェス頁岩の化石は、硬組織、軟組織ともによく残っている。硬い殻をもつ動物たち、たとえばエルラシア（*Elrathia*）[01]やオレノイデス（*Olenoides*）[02]に代表される三葉虫類や、ディラフォラ（*Diraphora*）[03]などの腕足動物の化石は、ほかの地域でもよく残っている。その一方で、オットイア（*Ottoia*）[04]のような蠕虫状の動物や、オドントグリフス（*Odontogriphus*）[05]のような軟体動物も保存されている。マルレラ（*Marrella*）[06]、オルソロザンクルス（*Orthrozanclus*）[07]、ウィワクシア（*Wiwaxia*）[08]に至っては、体のμm（マイクロ）レベルの微細構造まで残り、構造色をもっていた可能性も指摘されているのだ……ポンポンと固有名詞を挙げられても「？」という読者もいるかもしれない。ここでは化石写真とイラストをご覧いただいて、

01
エルラシア
三葉虫類の一つ。殻が硬い。

(Photo：ROM, Jean-Bernard Caron)

02
オレノイデス
三葉虫類の一つ。殻が硬い。

(Photo：ROM, Jean-Bernard Caron)

189

03
ディラフォラ
腕足動物の一つ。これも殻が硬い。
スミソニアン国立自然史博物館所蔵標本。
(Photo：Jean-Bernard Caron)

04
オットイア
鰓曳（えらひき）動物の一つ。
全身がやわらかい。
(Photo：ROM, Jean-Bernard Caron)

05
オドントグリフス
軟体動物の一つ。
もちろん、やわらかい。

(Photo：ROM, Jean-Bernard Caron)

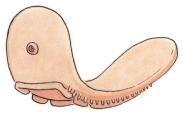

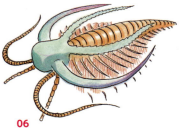

06
マルレラ
ツノの微細構造が、虹色を放つ。

(Photo：ROM, Jean-Bernard Caron)

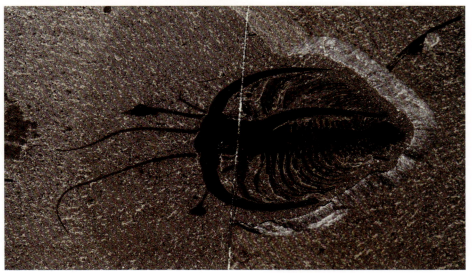

07
オルソロザンクルス
全身の鱗の微細構造が、虹色を放つ。
（Photo：ROM, Jean-Bernard Caron）

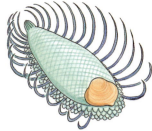

08
ウィワクシア
全身の微細構造が、虹色を放つ。
（Photo：ROM, Jean-Bernard Caron）

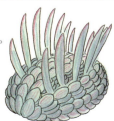

09
レアンコイリア
化石はROM54215。体軸にある黒い塊は、胃の内容物とみられている。
（Photo：ROM, Jean-Bernard Caron）

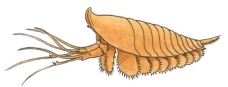

 番外編

「こんな化石があるのか」と思っていただくだけでいい。

バージェス頁岩から産した、最も保存の良い標本の一つは、2002年にイギリス、ケンブリッジ大学のニコラス・J・バターフィールドが報告した全長数cmの節足動物、レアンコイリア（*Leanchoilia*）[09]だろう。装甲車をイメージさせる、節のあるずんぐりとした殻をもつ。特筆すべきは、頭部からのびる2本の"腕"で、腕の先には長い鞭のようなつくりがある。

ROM54215と標本番号がつけられたその化石は、レアンコイリアのこうした特徴をよく残したうえで、ぐにぐにとした物質が体軸部分に押し込まれていた。その質感は、殻のそれとは異なり、周囲の母岩とも異なる。ほかにもROM54214、ROM54211などの標本に同様のものが確認されている。バターフィールドは、これを「胃の内容物」と位置付けた。

10
クーテナイスコレックス
化石全体（左）と、別の標本の頭部付近の拡大（中央）と、特別な顕微鏡によって神経組織がわかるようにしたもの（右）。

(Photo：（左・中央）ROM, Jean-Bernard Caron（右）Sharon Lackie, University of Windsor)

193

2018年には、カナダ、トロント大学のカーマ・ナングルとロイヤル・オンタリオ博物館のジーン - バーナード・カロンによって、環形動物（ゴカイの仲間。いわゆる"ぞわぞわ系"の無脊椎動物である）の新属として、クーテナイスコレックス（*Kootenayscolex*）[10] が報告されている。この標本では、神経組織も確認されている。

硬組織も残る。軟組織も残る。胃の内容物も残るし、神経も残る。こんな化石になることをご希望の読者もいるかもしれない。

遠くに運ばれながらも……

バージェス頁岩の「頁岩」とは、泥がかたまってできる岩石の一種だ。「頁（ページ）」の文字が示すように、ある方向に叩くと薄く板状に割ることができる。その意味では、石板編 (P.104〜) で紹介したゾルンホーフェンの石灰岩と似ているかもしれない。

しかし、ゾルンホーフェンの石灰岩とバージェス頁岩では、そこに含まれている化石に決定的なちがいがあった。動物の姿勢だ。

ゾルンホーフェンの石灰岩に含まれている化石は、板の面に対して、動物がナチュラルな姿勢で保存されている。たとえば、エビやアンモナイトは横向きだし、始祖鳥は真横、もしくは正面を向いている。その動物にとっての"広い面"を上に向けた、つまり、海底に沈んだときの姿勢のままなのである。

一方、バージェス頁岩の化石の場合、姿勢や体の方向はランダム[11] だ。体の側面を見せているものもあれば、正面を向いているもの、背面や底面を見せているものもあ

る。ゾルンホーフェンのように、一様に"広い面"で化石になっているわけではない。

　動物たちの復元過程においては、このランダムな姿勢が一役買っている。板状にぺしゃんこに潰れた化石であっても、さまざまな方向の姿勢の標本があれば、往時の姿を推測することができるからだ。いわゆる「三面図」と同じである。

　化石の生成過程を研究するタフォノミーの視点で考えると、これらランダムな姿勢の化石は、あることを強く示唆している。専門用語でいう「異地性」だ。

　異地性とは、読んで字のごとく「場所が異なる」ということ。つまり、動物が死んだ場所とは別の場所で化石になったか、あるいは化石となった後で移動した、ということだ。これは、本書で紹介してきたいずれの化石鉱脈とも異なる点である。たとえば、洞窟編(P.32〜)の化石はまさしくその洞窟で死んだものであるし、永久凍土編(P.46〜)もその場所で凍土にはまって死んだ動物の化石ばかりだ。

　バージェス頁岩に含まれている化石は、泥流に巻き込まれて本来生きていた場所から離れた場所へと運ばれた。だ

11
いろいろなアングルで
オパビニア（*Opabinia*）の化石。背面で保存されたもの（左 ロイヤル・オンタリオ博物館所蔵）と、側面で保存されたもの（右 カナダ地質調査部所蔵）。

(Photo：Jean-Bernard Caron)

乱泥流に襲われて……

バージェス頁岩層の化石は、その場で死んだものではない。浅海にいたものが、

乱泥流に巻き込まれ、

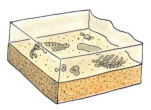

離れた場所に保存されたものだ。

からこそ、姿勢がランダムなものとなっているのである。

　もともとの動物は、酸素が豊富な浅海に暮らしていたとみられている。そこには、礁の縁が崖としてそびえたっていたという。

　あるとき、この崖付近の海底が崩落した。その崩落は乱泥流とよばれる泥の水流を発生させ、雪崩のように動物たちを巻き込みながら深海へと移動した。動物たちはもみくちゃにされて泥に埋まり、遺骸が深海底に堆積したのである。

　崩落と乱泥流による急速な埋没作用が、動物の死体をバクテリアなどの分解から守ることに一役買ったとみられている。運ばれた先が、酸素に乏しい深海底だったことも大きい。このような場所では、動物の死体を食い荒らすような生物は少なかっただろう。

　さらに、一緒に流された泥も大きな役割を担っていたようだ。写真ではわかりにくいが、バージェス頁岩の化石は、母岩を傾けるとキラキラ輝く。これは、カルシウムとアルミニウムを含んだ鉱物による"皮膜"の反射だ。複数の文献が、この鉱物の成分が泥の中にあったことで、動物の遺骸がコーティングされた可能性を指摘している。

　乱泥流の泥とそれによる急速な埋没、そして移動先の環境。この二つが、動物たちの高い保存性を可能としたとい

12
フクシアンフィア
頭部の黒ずんでいる部分に、神経系が残っていた。
(Photo：馬 小雅)

うのである。

神経も脳も残る

　さて、カンブリア紀の化石といえば、バージェス頁岩より約1000万年前に中国の澄江に堆積した地層から産するものもよく知られている。澄江ではバージェス頁岩のように埋没姿勢が必ずしもランダムではなく、しかもかなり保存の良い化石が多数見つかっている。

　特筆すべきは、神経が確認されているということだ。バージェス頁岩の化石にも神経は確認されているが、澄江の化石の場合はもっと"鮮明"である。

　2012年、フクシアンフィア（*Fuxianhuia*）[12]の化石に、脳と視神経系の残存を確認したという報告が、中国、雲南大学の馬小雅たちによってなされた。フクシアンフィアは、楯状の頭部、節のある胸部と尾部をもつ、全長11cmほどの節足動物だ。馬たちの分析によると、脳と視神経の構造は、現在のエビやカニの仲間や昆虫類のものによく似

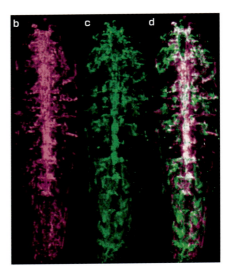

13
アラルコメナエウス

化石の写真（a）と、それを分析して神経がわかりやすく見えるようにしたもの（b, c, d）。b, c, dの画像で蛍光色に見える部分に神経系が残っていた。

(Photo : 2013 Tanaka.et.al)

ているという。

　2013年には、視神経系と中枢神経系が残されたアラルコメナエウス（*Alalcomenaeus*）[13]の化石が金沢大学（当時、群馬県立自然史博物館）の田中源吾たちによって報告されている。こちらは瓢箪型の眼をもつ全長6cmほどの節足動物で、長い触手（付属肢）をもっている。田中たちの分析によると、アラルコメナエウスの神経系は節足動物に特徴的なハシゴ型神経系で、現在のサソリやカブトガニの仲間のものに近いという。

　もう一つ紹介しよう。2014年、雲南大学の叢培允（コンペイユン）たちが、ライララパックス（*Lyrarapax*）[14]の脳神経系を報告した。ライララパックスは、当時の生態系で頂点に君臨していたアノマロカリス（*Anomalocaris*）の近縁と位置づけられている。フクシアンフィアとアラルコメナエウスが、それぞれ現生動物のものと似た、いわば"進化的な神経系"をもっていたことに対し、ライララパックスの脳神経系は、より原始的で単純であるという。

　約5億1500万年前というカンブリア紀。そんな時代に動

14
ライララパックス
アノマロカリス類の一つ。黒ずんだところに神経系が残っていた。

(Photo：Peiyun Cong Xiaoya Ma, Xianguang Hou, Gregory D. Edgecombe & Nicholas J. Strausfeld)

物が多様な神経系を発達させていたということは、進化史の観点としてとても興味深い。本書のようにタフォノミーの視点で見ても、これほど昔の神経系が確認できるという点は特筆に値するといえるだろう。何しろ、もっと新しい時代の化石であっても、神経系が残っている化石はほとんどないのだ。

当時の独特の環境が……

　バージェス頁岩に含まれる化石の多くは手のひらサイズ以下の無脊椎動物だ。したがって、もしも同じ環境に大型の脊椎動物がいたとして、同じ状況下でどのように保存されるかは未知数だ。ほかの動物たちと同じようにぺしゃん

こで保存されるのか、それとも、立体構造を保ったまま、硬軟ともに残る理想的な保存がなされるのか、それはわからない。試してみるには、乱泥流が発生するような海底に遺骸を埋没し、乱泥流の発生と、深海への運搬を期待するしかないだろう。

　一方、澄江の化石は、バージェス頁岩の化石とはやや状況が異なる。バージェス頁岩の化石がさまざまな姿勢で保存されていることに対して、澄江の化石の多くは、その生物の最も平坦な面が地層面と平行になるように保存されているのである。このことから、澄江においては乱泥流などによる遺骸の運搬はなく、極端に大きな移動はなかったことがわかる。

　2008年に刊行された『澄江生物群化石図譜』（著：X・ホウほか。原著は2004年刊行）では、澄江の動物が化石となった過程についてまとめられている。澄江の化石には、前項で紹介したような神経組織のほか、付属肢などの軟組織がよく保存されている。同書では、その理由として、当時の澄江の海底付近では酸素が不足していた可能性を挙げている。本書でも石板編 (P.104〜) などでみてきた無酸素環境だ。酸素がないために、軟組織を分解するような微生物が存在せず、ゆえに保存がなされたというわけである。無酸素環境は、ある意味で、良質の化石が残る"鉄板の方法"といえるだろう。

　ただし、石板編でも紹介したとおり、その無酸素環境は「のべつ幕なしに広がっていた」というわけではないらしい。先にも述べたように、澄江においては「生活圏からさほど遠くない場所で化石となった」とみられている。死ぬまではそこで生活していた、つまり、そこには酸素があったということになる。そのため、同書では海底に堆積物が

流入して動物たちが急速に埋没したか、あるいは、貧酸素の海水が流入して死に至らしめた可能性を指摘している。

　しかし無酸素環境における保存は、それこそ石板編で紹介したゾルンホーフェンなど、ほかでも見ることができる。なぜ、澄江においては神経までが保存されたのかについてはよくわかっていない。バージェス頁岩のケースとは異なり、澄江のケースでは再現を試みるには情報が少ないというのが現状だ。

　さらに、"バージェス頁岩タイプ"、あるいは"澄江タイプ"の化石になりたい人には、悪いお知らせがある。じつは現代の海では、同じレベルの化石になることは不可能である、という指摘があるのだ。アメリカ、ポモナ・カレッジのロバート・R・ガイネスたちは、バージェス頁岩や澄江の地層を分析し、化石保存のメカニズムに迫った研究を2012年に発表している。

　ガイネスたちは、遺骸が細かな粒子の堆積に急速に埋没したこと、酸素供給が絶たれたことなどの重要性を挙げたうえで、当時の海洋水の化学成分が、化石の保存に一役買っていた可能性を指摘した。カンブリア紀の海は、海水中に含まれる硫酸成分が少なかったり、アルカリ性が高かったりなど、さまざまな点で特殊だったという。

　もしも、この指摘が正しいのであれば、現在の海洋環境下では、仮に乱泥流に巻き込まれ、無酸素の深海に移動しようとも、鉱物による皮膜は形成されないため、必ずしもバージェス頁岩から発見されている化石と同等の保存は期待できないということになる。澄江に関しては、情報が少ないので再現実験を試みることができない。

　残念な話だ。

あとがきにかえて
〜もしもあなたが後世研究者だったら〜

残ってほしい部位は「頭部」

　本書では、多くの"化石になる方法"を紹介してきた。そのなかの一つでも、あなたを惹きつけたものがあれば、本書の目的の一つを達することができたと思う。

　もしも、あなた自身が本書で紹介した方法に挑み、後世人類、もしくはのちの知的生命体に化石として発見され、彼らに研究してもらうことになったら……それは、人類学という分野においての研究になるだろう。最後に、「人類化石として残る」ことについての専門家の意見を紹介して、筆を置くとしよう。

　私たちヒトは、合計約200個の骨で構成されている。本書でこれまでみてきたように、ヒトサイズの動物の全身が化石として残るには、それなりの条件がそろわなければならない。もしも、どこかの部位を優先的に化石にできるとしたら、あるいは、優先順位をつけなくてはならないとしたら、いったい、体のどこを選ぶべきだろうか。

　国立科学博物館人類研究部で、人類化石の研究を進める海部陽介は、「それは頭骨」と断言する。

　ひと口に「人類」といっても、アルディピテクス・ラミダス（*Ardipithecus ramidus*）や、アウストラロピテクス・アファレンシス（*Australopithecus afarensis*）、ホモ・ハビリス（*Homo habilis*）、ホモ・エレクトゥス（*Homo erectus*）、ホモ・ネアンデルターレンシス（*Homo neanderthalensis*）などさ

まざまだ。現在でこそ、「人類」といえば、私たちホモ・サピエンス（*Homo sapiens*）のみだけれども、過去には近縁のホモ属だけでも、10前後の種が存在していた。こうした各種人類の分類の重要ポイントが、頭部にあるという。

人類の種は頭部をもって定義される。裏を返せば、頭部を残すことができなければ、あなたがホモ・サピエンスであるという分類さえ、不確かになってしまう可能性があるというのだ。

分類の要となるだけに、頭部のもつ情報は多い。たとえば、歯だ。エナメル質で覆われているため、化石として残りやすい。歯の形から主食が葉なのか、昆虫なのか、あるいは雑食だったのかをおおよそ推定できる。また、化学分析を行うことで、肉、C3植物（イネ、コムギ、ダイズなど）、C4植物（サトウキビ、トウモロコシなど）、淡水魚、海水魚などをどのくらいの割合で食べていたかも、かなり正確にわかる。

頭蓋骨が残っていれば、脳の大きさを調べることができる。脳の大きさがそのまま「賢さ」につながるかどうかは議論があるとしても、「脳容量」という情報が残るという点は見逃せない。後世人類も、のちの知的生命体も、わたしたちの頭蓋骨の化石から推測した脳容量を自分たちと比較し、さまざまな議論を展開するにちがいない。

ルーシーの "ミス・リーディング"

これまでに知られている人類化石のなかで、最も知名度が高い標本といえば、ルーシー [01] を挙げることができるだろう。「AL-288-1」という標本番号をもつこの個体は、1974年にエチオピアの約320万年前の地層から発見されたア

ウストラロピテクス・アファレンシスである。「ルーシー」という愛称は、発掘現場のラジオで流れていたビートルズの名曲『Lucy in the Sky with Diamonds』にちなむものだ。

　発見当時のルーシーは、それまでに知られていた猿人化石のなかで最も全身の要素の保存率の高い人類化石だった。現在においても、人類化石としてはトップクラスの保存率をもつものとして知られ、頭骨から両腕、肋骨や骨盤、脚などさまざまな部位が残っている。

　1個体の人類化石として、こうしたさまざまな部位が残っていたことで、アウストラロピテクス・アファレンシスについて、さまざまなことがわかった。たとえば、アウストラロピテクス・アファレンシスはホモ・サピエンスと比べて長い腕をもっていたということが特徴の一つとされるが、それも腕の骨、そして比較できる大腿骨などが保存されていたからこそわかる点である。

　ルーシーの発見によって、アウストラロピテクス・アファレンシスに関する理解は大きく進んだ。前項で紹介したように、「部位」としての保存は頭骨が残されていることが望ましいが、全身が残っていることはもちろん何に換えてもすばらしい。

　もっとも、ルーシーは、全身の保存がすばらしかったがゆえに、個体としての特徴がまるでアウストラロピテクス・アファレンシスを代表するかのように扱われてしまうことがある。身長と体重はとくにその典型例だ。ルーシーは、身長約1m、体重約30kgという値が推測されている。身長は日本人の5歳児の平均を下回り、体重は小学校3年生の平均値に近い。ずいぶんと小柄である。

　ただし、これはアウストラロピテクス・アファレンシスとしては最小値だ。なかには、身長1.5mほど、体重40kg

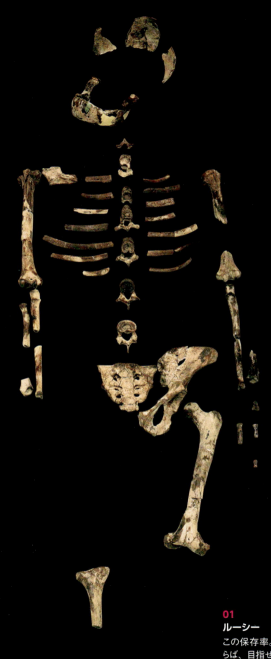

01
ルーシー
この保存率。化石として残るならば、目指せルーシー以上?

(Photo：SCIENCE PHOTO LIBRARY/amanaimages)

超の個体も確認されている。これらの数値は、日本の小学6年生の平均値に相当する。5歳児と小学6年生では、ずいぶんと印象が異なるだろう。

ルーシーの例は、1個体だけの保存では、種としての情報が不十分であることを物語っている。のちの知的生命体に、ホモ・サピエンスがいたということをしっかりと認識してもらうためには、あなただけが化石として残っても情報不足なのだ。個体数が多く残り、それらを比較することで、性的二型、つまり雌雄にまつわる形のちがいが認識できるし、ホモ・サピエンスという種がどのような体格をしていたのかが見えてくる。社会構造だって読み取れるかもしれない。海部によると「できれば、集団で化石に残っていてくれるとありがたいでしょうね」とのことだ。

"余計なこと"はしないでほしい……

集団で化石に残ることがありがたい、とはいっても、骨が混ざりあうほどに近い場所で化石になると、ちょっと話がちがってくる。個体を見分けるのが難しくなるからだ。化石になる際の位置関係には注意が必要といえるだろう。

あなたの化石が見つけられるのが何年後かによるけれど、DNAを残すことができれば（そして、後世人類およびのちの知的生命体がDNAの解析技術をもっていれば）、伝えることができる情報は格段に増える。しかし、そのためには、ある程度寒冷な地域で化石になる必要がある。海部によると、インドネシアなどの温暖な地域で見つかる人類化石は、DNAが壊れていて解析が難しいという。酸性土壌が主体の日本列島においても、自然状態でDNAを保存できるような化石になることは期待できない。もちろん

火葬は厳禁だ。焼かれ、ボロボロとなった骨ではほとんど情報を残すことができない。

　副葬品として何を残すか、という点はあまり気にする必要はないそうだ。「研究者の視点に立てば、『副葬品が何もない』ということも貴重な情報となり得る」と海部は指摘する。

　ちなみに、「人類学の専門家として、化石になりたいという人にメッセージを」と海部に訊ねると、苦笑しながら次のように答えてくれた。「余計なこと、特別なことはしないでほしいですね。研究のミスリードになりますから」。

　行ったことのない場所に行って化石となったり、それまで所有していなかったものを記念だからといってわざわざ一緒に化石となったり……そういった特別なことは、研究者が混乱するだけなので、避けてほしいという。あくまでも「日常」が一番なのだ。

　さてさて、オチも出たところで、これにて本書をそろそろ締めくくりましょう。

　ちょっと変わった思考実験、いかがでしたでしょうか？自分や、自分の大切なものが長い年月を経て化石となり、遥かな未来に発見されるのを想像する。それも具体的かつ、科学的に。そんな「知的な楽しみ」を目指したのが本書です。日本において、あなたが化石になろうと何らかの実践をした場合は、冒頭でも述べた通り法に触れるかもしれないので、くれぐれも注意してくださいね。

参考資料～もっと詳しく知りたい方へ～

本書を執筆するにあたり、とくに参考にした主要な文献は次の通り。なお、邦訳があるものに関しては、一般に入手しやすい邦訳版を挙げた。また、Webサイトに関しては、専門の研究機関もしくは研究者、それに類する組織・個人が運営しているものを参考とした。Webサイトの情報は、あくまでも執筆時点での参考情報であることに注意されたい。
※本書に登場する年代値は、とくに断りのない限り、
International Commission on Stratigraphy, 2017/02, INTERNATIONAL STRATIGRAPHIC CHART を使用している。

【1 入門編】
《一般書籍》
『恐竜解剖』著：クリストファー・マクガワン，1998年刊行，工作舎
『古生物学事典 第2版』編纂：日本古生物学会，2010年刊行，朝倉書店
『Fossils in the Making: Vertebrate Taphonomy and Paleoecology』著：Anna K. Behrensmeyer, Andrew P. Hill, 1988年刊行, University Of Chicago Press
『Taphonomy: A Process Approach』著：Ronald E. Martin, 1999年刊行, Cambridge University Press
《雑誌記事》
『あなたが「化石」になる方法』Newton，2017年6月号，p118-125，ニュートンプレス
《WEBサイト》
業種追加の検討「動物の死体火葬・埋葬業者」について，環境省，http://www.env.go.jp/council/14animal/y143-08/mat01.pdf
刑法（明治四十年法律第四十五号），e-GOV, http://law.e-gov.go.jp/htmldata/M40/M40HO045.html
墓地、埋葬等に関する法律（昭和23年5月31日法律第48号），厚生労働省，http://www.mhlw.go.jp/bunya/kenkou/seikatsu-eisei15/

【2 洞窟編】
《一般書籍》
『古第三紀・新第三紀・第四紀の生物 下巻』監修：群馬県立自然史博物館，著：土屋 健，2016年刊行，技術評論社
『新版 絶滅哺乳類図鑑』著：冨田幸光，伊藤丙雄，岡本泰子，2011年刊行，丸善出版株式会社
『第四紀学』著：町田 洋，小野 昭，河村善也，大場忠道，山崎晴雄，百原 新，2003年刊行，朝倉書店
『Australia's Lost World』著：Michael Archer, Suzanne J. Hand, Henk Godthelp, 2000年刊行, Indiana University Press
『Cave Bears and Modern Human Origins』著：Robert H. Gargett, 1996年刊行, University Press Of America
『Owls, Caves, and Fossils』著：Peter Andrews, Jill Cook, 1990年刊行, University of Chicago Press
『Riversleigh』著：Michael Archer, Suzanne J. Hand, Henk Godthelp, 1994年刊行, Reed Natural History / New Holland
『The Great Bear Almanac』著：Gary Brown, 1993年刊行, LYONS & BURFORD
《雑誌記事》
『あなたが「化石」になる方法』Newton，2017年6月号，p118-125，ニュートンプレス
『眠りから覚めた謎の人類』ナショナル ジオグラフィック日本版，2015年10月号，p36-61，日経ナショナル ジオグラフィック社
《特別展図録》
『世界遺産 ラスコー展』2016年，国立科学博物館

《WEBサイト》

南アの初期人類化石、370万年前のものと判明，2015年4月2日，NATIONAL GEOGRAPHIC，
　　http://natgeo.nikkeibp.co.jp/atcl/news/15/040200028/

もっと知りたい南アフリカの魅力，South African Tourism，http://south-africa.jp/
　　meetsouthafrica_lists/2761/

Bears Cave，Romanian Monasteries，http://www.romanianmonasteries.org/romania/bears-cave

Fossil Hominid Sites of South Africa，UNESCO World Heritage Centre，http://whc.unesco.org/
　　en/list/915

《学術論文》

Cajus G. Diedrich，2005，Cracking and nibbling marks as indicators for the Upper Pleistocene
　　spotted hyena as a scavenger of cave bear (Ursus spelaeus Rosenmüller 1794) carcasses in the
　　Perick Caves den of northwest Germany，Abhandlung Band，p73-90

Cajus G. Diedrich，2009，Upper Pleistocene Panthera leo spelaea (Goldfuss, 1810) remains from
　　the Bilstein Caves (Sauerland Karst) and contribution to the steppe lion taphonomy, palaeobiol-
　　ogy and sexual dimorphism，Annales de Paléontologie，vol.95，p117-138

Darryl E. Granger, Ryan J. Gibbon, Kathleen Kuman, Ronald J. Clarke, Laurent Bruxelles & Marc
　　W. Caffee，2015，New cosmogenic burial ages for Sterkfontein Member 2 Australopithecus
　　and Member 5 Oldowan，nature，vol.522，p85-88

Laurent Bruxelles, Ronald J. Clarke, Richard Maire, Richard Ortega, Dominic Stratford, Strati-
　　graphic analysis of the Sterkfontein StW 573 Australopithecus skeleton and implications for
　　its age，Journal of Human Evolution，vol.70，p36-48

Lee R Berger, John Hawks, Darryl J de Ruiter, Steven E Churchill, Peter Schmid, Lucas K
　　Delezene, Tracy L Kivell, Heather M Garvin, Scott A Williams, Jeremy M DeSilva, Matthew
　　M Skinner, Charles M Musiba, Noel Cameron, Trenton W Holliday, William Harcourt-Smith,
　　Rebecca R Ackermann, Markus Bastir, Barry Bogin, Debra Bolter, Juliet Brophy, Zachary D
　　Cofran, Kimberly A Congdon, Andrew S Deane, Mana Dembo, Michelle Drapeau, Marina C
　　Elliott, Elen M Feuerriegel, Daniel Garcia-Martinez, David J Green, Alia Gurtov, Joel D Irish,
　　Ashley Kruger, Myra F Laird, Damiano Marchi, Marc R Meyer, Shahed Nalla, Enquye W
　　Negash, Caley M Orr, Davorka Radovcic, Lauren Schroeder, Jill E Scott, Zachary Throckmor-
　　ton, Matthew W Tocheri, Caroline VanSickle, Christopher S Walker, Pianpian Wei, Bernhard
　　Zipfel，2015，Homo naledi, a new species of the genus Homo from the Dinaledi Chamber,
　　South Africa，eLife，4:e09560，DOI: 10.7554/eLife.09560

【3 永久凍土編】

《一般書籍》

『Frozen Fauna of the Mammoth Steppe』著：R. Dale Guthrie，1990年刊行，University Of
　　Chicago Press

『The Carcasses of the Mammoth and Rhinoceros Found in the Frozen Ground of Siberia』著：
　　Innokentii Pavlovitch Tolmachoff，2013年刊行，Literary Licensing, LLC

『Mammoths: Giants of the Ice Age, Revised edition』著：Adrian Lister, Paul Bahn，2009年刊行，
　　University of California Press

《プレスリリース》

シベリアの凍土融解が急激に進行〜地中の温度が観測史上最高を記録し地表面で劇的な変化が発生
　　〜，JAMSTEC，2008年1月18日，http://www.jamstec.go.jp/j/about/press_release/20080118/
　　index.html

《特別展図録》

『マンモス「YUKA」』2013年，パシフィコ横浜

209

《WEBサイト》

フリーズドライって何？，コスモス食品，http://www.cosmosfoods.co.jp/freezedry/whats.html

《学術論文》

Anastasia Kharlamova, Sergey Saveliev, Anastasia Kurtova, Valery Chernikov, Albert Protopopov, Genady Boeskorov, Valery Plotnikov, Vadim Ushakov, Evgeny Maschenko, 2014, Preserved brain of the Woolly mammoth (Mammuthus primigenius (Blumenbach 1799)) from the Yakutian permafrost, Quaternary International, vol.406, PartB, p86-93

Daniel C. Fisher, Alexei N. Tikhonov, Pavel A. Kosintsev, Adam N. Rountrey, Bernard Buigues, Johannes van der Plicht, 2012, Anatomy, death, and preservation of a woolly mammoth (Mammuthus primigenius) calf, Yamal Peninsula, northwest Siberia, Quaternary International, vol.255, p94-105

Gennady G. BOESKOROV, Olga R. POTAPOVA, Eugeny N. MASHCHENKO, Albert V. PROTOPOPOV, Tatyana V. KUZNETSOVA, Larry AGENBROAD, Alexey N. TIKHONOV, 2014, Preliminary analyses of the frozen mummies of mammoth(Mammuthus primigenius), bison (Bison priscus) and horse (Equus sp.) from the Yana-Indigirka Lowland, Yakutia, Russia, Integrative Zoology, vol.9, p471-480

【4 湿地遺体編】

《一般書籍》

『低湿地の考古学』著：ブライアニ コールズ，ジョン コールズ，1994年刊行，雄山閣出版

『ぷよぷよたまごをつくろう』著：佐巻健男，イラスト：水原素子，1997年刊行，汐文社

『甦る古代人』著：P.V.グロブ，2002年刊行，刀水書房

『Grauballe Man』編：Pauline Asingh， Niels Lynnerup， 2004年刊行， Aarhus Universitetsforlag

『PEOPLE of the WETLANDS』著：Bryony Coles， John M. Coles， 1989年刊行，Thames & Hudson

『The BOG PEOPLE』著：P.V. Glob， Elizabeth Wayland Barber， Paul Barber， 2004年刊行，New York Review Books Classics

《雑誌記事》

『湿地に眠る不思議なミイラ』ナショナルジオグラフィック日本版，2007年9月号，p132-145，日経ナショナルジオグラフィック社

《WEBサイト》

冷凍庫の庫内の温度はどのくらいなのか？，Panasonic，http://jpn.faq.panasonic.com/app/answers/detail/a_id/9962/~/冷蔵庫の庫内の温度はどのくらいなのか？

Why are Bog Bodies Preserved for Thousands of Years?，Silkeborg Public library，http://www.tollundman.dk/bevaring-i-mosen.asp

《学術論文》

Heather Gill-Frerking， Colleen Healey， 2011， Experimental Archaeology for the Interpretation of Taphonomy related to Bog Bodies: Lessons learned from two Projects undertaken a Decade apart， Yearbook of Mummy Studies， vol.1， p69-74

H. Gill-Frerking, W. Rosendahl, 2011, Use of Computed Tomography and Three-Dimensional Virtual Reconstruction for the Examination of a 16th Century Mummified Dog from a North German Peat Bog, International Journal of Osteoarchaeology, DOI: 10.1002/oa.1290

Niels Lynnerup, 2015, Bog Bodies, The Anatomical Record, vol.298, p1007-1012

【5 琥珀編】

《一般書籍》

『古第三紀・新第三紀・第四紀の生物 上巻』監修：群馬県立自然史博物館，著：土屋 健，2016年刊行，技術評論社

『完璧版 宝石の写真図鑑』著：キャリー・ホール，1996年刊行，日本ヴォーグ社

『Atlas of Plants and Animals in Baltic Amber』著：Wolfgang Weitschat，Wilfried Wichard，2002年刊行，Verlag Dr. Friedrich Pfeil・München

《雑誌記事》

『世界初! 恐竜の尾が入った琥珀を発見』Newton，2017年3月号，p14-15，ニュートンプレス

《学術論文》

Lida Xing, Jingmai K. O'Connor, Ryan C. McKellar, Luis M. Chiappe, Kuowei Tseng, Gang Li, Ming Bai, 2017, A mid-Cretaceous enantiornithine (Aves) hatchling preserved in Burmese amber with unusual plumage, Gondwana Research, DOI: 10.1016/j.gr.2017.06.001

Lida Xing, Ryan C. McKellar, Xing Xu, Gang Li, Ming Bai, W. Scott Persons IV, Tetsuto Miyashita, Michael J. Benton, Jianping Zhang, Alexander P. Wolfe, Qiru Yi, Kuowei Tseng, Hao Ran, Philip J. Currie, 2017, A Feathered Dinosaur Tail with Primitive Plumage Trapped in Mid-Cretaceous Amber, Current Biology, DOI: http://dx.doi.org/10.1016/j.cub.2016.10.008

Matt Kaplan, 2012, DNA has a 521-year half-life, nature NEWS, DOI:10.1038/nature.2012.11555

Morten E. Allentoft, Matthew Collins, David Harker, James Haile, Charlotte L. Oskam, Marie L. Hale, Paula F. Campos, Jose A. Samaniego, M. Thomas P. Gilbert, Eske Willerslev, Guojie Zhang, R. Paul Scofield, Richard N. Holdaway, Michael Bunce, 2012, The half-life of DNA in bone: measuring decay kinetics in 158 dated fossils, PROCEEDINGS OF THE ROYAL SOCIETY B, 279, DOI: 10.1098/rspb.2012.1745

【6 火山灰編】

《一般書籍》

『オルドビス紀・シルル紀の生物』監修：群馬県立自然史博物館，著：土屋 健，2013年刊行，技術評論社

『古生物たちのふしぎな世界』協力：田中源吾，著：土屋 健，2017年刊行，講談社

『コンサイス 外国地名事典 第3版』監修：谷岡武雄，編：三省堂編修所，1998年刊行，三省堂

『新版 地学事典』編：地学団体研究会，1996年刊行，平凡社

『ポンペイ』著：浅香 正，1995年刊行，芸艸堂

『EVOLUTION OF FOSSIL ECOSYSTEMS,SECOND EDITION』著：Paul Selden，John Nudds，2012年刊行，Academic Press

《WEBサイト》

貝形虫，国立科学博物館，https://www.kahaku.go.jp/research/db/botany/bikaseki/2-kaigatamusi.html

古代都市ポンペイは、現代社会にそっくりだった，2016年4月14日，NATIONAL GEOGRAPHIC，http://natgeo.nikkeibp.co.jp/atcl/news/16/041300135/

ポンペイ犠牲者の石こう像をCT撮影 当時の生活を推測，2016年11月25日，NIKKEI STYLE，https://style.nikkei.com/article/DGXMZO09540260V11C16A1000000?channel=DF260120166525

Ancient fossil penis discovered, 2003年12月5日, BBC NEWS, http://news.bbc.co.uk/2/hi/science/nature/3291025.stm

How Philips scanners brought Pompeii to life, PHILIPS, https://www.philips.com/a-w/about/news/archive/blogs/innovation-matters/how-philips-scanners-brought-pompeii-to-life.html

《学術論文》

David J. Siveter, Mark D. Sutton, Derek E. G. Briggs, Derek J. Siveter, 2003, An Ostracode Crustacean with Soft Parts from the Lower Silurian, Science, vol.302, p1749-1751

Derek E. G. Briggs, Derek J. Siveter, David J. Siveter, Mark D. Sutton, David Legg, 2016, Tiny individuals attached to a new Silurian arthropod suggest a unique mode of brood care, PNAS, vol.113, no.16, p4410-4415

Mark D. Sutton, Derek E. G. Briggs, David J. Siveter, Derek J. Siveter, Patrick J. Orr, 2002, The arthropod Offacolus kingi (Chelicerata) from the Silurian of Herefordshire, England: computer based morphological reconstructions and phylogenetic affinities, PROCEEDINGS OF THE ROYAL SOCIETY B,269, 1195-1203

Patrik J. Orr, Derek E. G. Briggs, David J. Siveter, Derek J. Siveter, 2000, Three-dimensional preservation of a non-biomineralized arthropod in concretions in Silurian volcaniclastic rocks from Herefordshire, England, Journal of the Geological Society, London, vol.157, p173-186

【7 石版編】

《一般書籍》

『世界の化石遺産』著：P. A. セルデン，J. R. ナッズ，2009年刊行，朝倉書店

『ジュラ紀の生物』監修：群馬県立自然史博物館，著：土屋 健，2015年刊行，技術評論社

『ゾルンホーフェン化石図譜Ⅰ』著：K. A. フリックヒンガー，2007年刊行，朝倉書店

『ゾルンホーフェン化石図譜Ⅱ』著：K. A. フリックヒンガー，2007年刊行，朝倉書店

『地球環境と生命史』著：鎮西清高，植村和彦，2004年刊行，朝倉書店

《WEBサイト》

浸透圧・脱水作用，塩事業センター，http://www.shiojigyo.com/siohyakka/about/data/permeation.html

X-rays reveal new picture of 'dinobird' plumage patterns, The University of Manchester, http://www.manchester.ac.uk/discover/news/article/?id=10202

《学術論文》

Dean R. Lomax, Christopher A. Racay, 2012, A Long Mortichnial Trackway of Mesolimulus walchi from the Upper Jurassic Solnhofen Lithographic Limestone near Wintershof, Germany, Ichnos: An International Journal for Plant and Animal Traces, vol.19, no.3, p175-183

Oliver W. M. Rauhut, Christian Foth, Helmut Tischlinger, Mark A. Norell, 2012, Exceptionally preserved juvenile megalosauroid theropod dinosaur with filamentous integument from the Late Jurassic of Germany, PNAS, vol.109, no.29, p11746-11751

Phillip. L. Manning, Nicholas P. Edwards, Roy A. Wogelius, Uwe Bergmann, Holly E. Barden, Peter L. Larson, Daniela Schwarz-Wings, Victoria M. Egerton, Dimosthenis Sokaras, Roberto A. Mori, William I. Sellers, 2013, Synchrotron-based chemical imaging reveals plumage patterns in a 150 million year old early bird, J. Anal. At. Spectrom, vol.28, p1024-1030

Ryan M. Carney, Jakob Vinther, Matthew D. Shawkey, Liliana D'Alba, Jörg Ackermann, 2012, New evidence on the colour and nature of the isolated Archaeopteryx feather, Nat. Commun., 3:637 DOI: 10.1038/ncomms1642

【8 油母頁岩編】

《一般書籍》

『古第三紀・新第三紀・第四紀の生物 上巻』 監修：群馬県立自然史博物館， 著：土屋 健， 2016年刊行，
技術評論社

『ザ・リンク』 著：コリン・タッジ， 2009年刊行， 早川書房

『世界の化石遺産』 著：P. A. セルデン， J. R. ナッズ， 2009年刊行， 朝倉書店

『理科年表 平成30年』 編：国立天文台， 2017年刊行， 丸善出版

《WEBサイト》

交尾中のカメの化石、脊椎動物では初，2012年6月22日，NATIONAL GEOGRAPHIC，http://
natgeo.nikkeibp.co.jp/nng/article/news/14/6279/

「昆虫を食べたトカゲを食べたヘビ」の化石発見，2016年9月9日，NATIONAL GEOGRAPHIC，
http://natgeo.nikkeibp.co.jp/atcl/news/16/090900338/

《学術論文》

Gerald Mayr, Volker Wilde, Eocene fossil is earliest evidence of flower visiting by birds.
BIOLOGY LETTERS, 10: 20140223. http://dx.doi.org/10.1098/rsbl.2014.0223

Jens Lorenz Franzen, Christine Aurich, Jörg Habersetzer, 2015, Description of a Well
Preserved Fetus of the European Eocene Equoid Eurohippus messelensis, PLoS ONE, 10(10):
e0137985. DOI:10.1371/journal.pone.0137985

Jens L. Franzen, Philip D. Gingerich, Jörg Habersetzer, Jørn H. Hurum, Wighart von
Koenigswald, B. Holly Smith, 2009, Complete Primate Skeleton from the Middle Eocene of
Messel in Germany: Morphology and Paleobiology, PLoS ONE, 4(5): e5723. DOI:10.1371/
journal.pone.0005723

Krister T. Smith, Agustin Scanferla, 2016, Fossil snake preserving three trophic levels and
evidence for an ontogenetic dietary shift, Palaeobio Palaeoenv, DOI:10.1007/s12549-016-0244-
1

Shane O'Reilly, Roger Summons, Gerald Mayr, Jakob Vinther, 2017, Preservation of uropygial
gland lipids in a 48-million-year-old bird, PROCEEDINGS OF THE ROYAL SOCIETY B,
284: 20171050, http://dx.doi.org/10.1098/rspb.2017.1050

Walter G. Joyce, Norbert Micklich, Stephan F. K. Schaal, Torsten M. Scheyer, 2012, Caught in the
act: the first record of copulating fossil vertebrates, BIOLOGY LETTERS, DOI:10.1098/
rsbl.2012.0361

【9 宝石編】

《一般書籍》

『完璧版 宝石の写真図鑑』 著：キャリー・ホール， 1996年刊行， 日本ヴォーグ社

『三葉虫の謎』 著：リチャード・フォーティ， 2002年刊行， 早川書房

『EVOLUTION OF FOSSIL ECOSYSTEMS,SECOND EDITION』 著：Paul Selden, John Nudds,
2012年刊行， Academic Press

『GEMS AND GEMSTONES』 著：Lance Grande, Allison Augustyn, John Weinstein, 2009年刊行,
University of Chicago Press

《雑誌記事》

『あなたが「化石」になる方法』 Newton， 2017年6月号， p118-125， ニュートンプレス

《WEBサイト》

企画展ミネラルズ，徳島県立博物館，http://www.museum.tokushima-ec.ed.jp/bb/chigaku/
minerals/index.html

About Opals，THE NARIONAL OPAL COLLECTION，http://www.nationalopal.com/opals/
about-opals-gemstone.html

Umoonasaurus demoscyllus，AUSTRALIAN MUSEUM，https://australianmuseum.net.au/
omoonasaurus-demoscyllus

《学術論文》

赤羽久忠，古野 毅，1993，形成されつつある珪化木—富山県立山温泉「新湯」における珪化木生
成の一例—，地質学雑誌，第99巻，第6号，p457-466

Benjamath Pewkliang, Allan Pring, Joël Brugger，2008，The formation of precious opal: Clues
from the opalization of bone，The Canadian Mineralogist，vol.46，p139-149

Benjamin P Kear, Natalie I Schroeder, Michael S.Y Lee，2006，An archaic crested plesiosaur in
opal from the Lower Cretaceous high-latitude deposits of Australia，BIOLOGY LETTERS，
vol.2，p615-619

Derek E.G. Briggs, Simon H. Bottrell, Robert Raiswell，1991，Pyritization of soft-bodied fossils:
Beecher's Trilobite Bed, Upper Ordovician, New York State，Geology，vol.19，p1221-1224

Keith A. Mychaluk, Alfred A. Levinson, Russell L. Hall，2001，Ammolite: Iridescent fossilized
ammonite from Southern Alberta, Canada，GEMS & GEMOLOGY，p4-25

Thomas A. Hegna, Markus J. Martin, Simon A. F. Darroch，2017，Pyritized in situ trilobite eggs
from the Ordovician of New York (Lorraine Group): Implications for trilobite reproductive
biology，Geology，vol.45，no.3，p199-202

【10 タール編】

《一般書籍》

『古第三紀・新第三紀・第四紀の生物 下巻』監修：群馬県立自然史博物館，著：土屋 健，2016年刊行，
技術評論社

『新版 絶滅哺乳類図鑑』著：冨田幸光，伊藤丙雄，岡本泰子，2011年刊行，丸善出版株式会社

『世界の化石遺産』著：P. A. セルデン，J. R. ナッズ，2009年刊行，朝倉書店

《WEBサイト》

LA BREA TARPITS & MUSEUM，https://tarpits.org

《学術論文》

M. Aleksander Wysocki, Robert S. Feranec, Zhijie Jack Tseng, Christopher S. Bjornsson, 2015,
Using a Novel Absolute Ontogenetic Age Determination Technique to Calculate the Timing
of Tooth Eruption in the Saber-Toothed Cat, Smilodon fatalis，PLoS ONE，10(7):e0129847.
DOI:10.1371/journal.pone.0129847

【11 立体編】

《一般書籍》

『エディアカラ紀・カンブリア紀の生物』監修：群馬県立自然史博物館，著：土屋 健，2013年刊行，
技術評論社

『新版 絶滅哺乳類図鑑』著：冨田幸光，伊藤丙雄，岡本泰子，2011年刊行，丸善出版株式会社

『白亜紀の生物 下巻』監修：群馬県立自然史博物館，著：土屋 健，2015年刊行，技術評論社

《プレスリリース》

3D化石と「汚物だめ」：カンブリア紀オルステン化石の保存の謎を解明，京都大学，2011年4月12日，
http://www.kyoto-u.ac.jp/static/ja/news_data/h/h1/news6/2011/110412_1.htm

《学術論文》

Andreas Maas, Andreas Braun, Xi-Ping Dong, Philip C. J. Donoghue, Klaus J. Müller, Ewa Olempska, John E. Repetski, David J. Siveter, Martin Stein, Dieter Waloszek, 2006, The 'Orsten'—More than a Cambrian Konservat-Lagerstätte yielding exceptional preservation, Palaeoworld, vol.15, p266–282

David M. Martill, 1988, Preservation of fish in the Cretaceous Santana Formation of Brazil, Palaeontology, vol.31, Part1, p1-18

David M. Martill, 1989, The Medusa effect; instantaneous fossilization, Geology Today, November-December, p201-205

Dieter Waloszek, 2003, The 'Orsten' window — a three-dimensionally preserved Upper Cambrian meiofauna and its contribution to our understanding of the evolution of Arthropoda, Paleontological Research, vol.7, no.1, p71-88

Haruyoshi Maeda, Gengo Tanaka, Norimasa Shimobayashi, Terufumi Ohno, Hiroshige Matsuoka, 2011, Cambrian Orsten Lagerstätte from the Alum Shale Formation: Fecal pellets as a probable source of phosphorus preservation, PALAIOS, vol.26, no.4, p225-231

Mats E. Eriksson, Esben Horn, 2017, Agnostus pisiformis — A half a billion-year old pea-shaped enigma, Earth-Science Reviews, DOI: 10.1016/j.earscirev.2017.08.004

【12 岩塊編】

《雑誌記事》

『あなたが「化石」になる方法』Newton, 2017年6月号, p118-125, ニュートンプレス

《プレスリリース》

従来の化石形成速度の概念を覆す! 生物遺骸を保存する球状コンクリーションの形成メカニズムを解明, 名古屋大学・岐阜大学, 2015年9月10日, https://www.gifu-u.ac.jp/about/publication/press/20150910-3.pdf

《学術論文》

Hidekazu Yoshida, Atsushi Ujihara, Masayo Minami, Yoshihiro Asahara, Nagayoshi Katsuta, Koshi Yamamoto, Sin-iti Sirono, Ippei Maruyama, Shoji Nishimoto, Richard Metcalfe, 2015, Early post-mortem formation of carbonate concretions around tusk-shells over week-month timescales, Scientific Reports, DOI:10.1038/srep14123

【番外編】

《一般書籍》

『世界の化石遺産』著：P. A. セルデン, J. R. ナッズ, 2009年刊行, 朝倉書店

『地球環境と生命史』著：鎮西清高, 植村和彦, 2004年刊行, 朝倉書店

『澄江生物群化石図譜』著：X・ホウ, R・J・アルドリッジ, J・ベルグストレーム, ディヴィッド・J・シヴェター, デレク・J・シヴェター, X・フェン, 2008年刊行, 朝倉書店

『Taphonomy: A Process Approach』著：Ronald E. Martin, 1999年刊行, Cambridge University Press

《学術論文》

Gengo Tanaka, Xianguang Hou, Xiaoya Ma, Gregory D. Edgecombe, Nicholas J. Strausfeld, 2013, Chelicerate neural ground pattern in a Cambrian 'great appendage' arthropod, Nature, vol.502, p364-367

Karma Nanglu, Jean-Bernard Caron, 2018, A New Burgess Shale Polychaete and the Origin of the Annelid Head Revisited, Current Biology, vol.28, p319–326

Nicholas J. Butterfield, 2002, Leanchoilia Guts and the Interpretation of Three-Dimensional Structures in Burgess Shale-Type Fossils, Paleobiology, vol.28, no.1, p155-171

Robert R. Gaines, Emma U. Hammarlund, Xianguang Hou, Changshi Qi, Sarah E. Gabbott, Yuanlong Zhao, Jin Peng, Donald E. Canfield, 2012, Mechanism for Burgess Shale-type preservation, PNAS, vol.109, no.14, p5180-5184

Peiyun Cong, Xiaoya Ma, Xianguang Hou, Gregory D. Edgecombe, Nicholas J. Strausfeld, 2014, Brain structure resolves the segmental affinity of anomalocaridid appendages, Nature, vol.513, p538-542

Xiaoya Ma, Xianguang Hou, Gregory D. Egecombe, Nicholas J. Strausfeld, 2012, Complex brain and optic lobes in an early Cambrian arthropod, Nature, vol.490, p258-261

【あとがきにかえて】
《一般書籍》
『人類の進化大図鑑』編著：アリス・ロバーツ，2012年刊行，河出書房新

索引（用語） ※各項の関連写真

用語	ページ
アラゴナイト	134, 136, 137
アンモライト	134, 136, 137, 138, 144
アンモライト	135
異地性	195
永久凍土	13, 46, 47, 48, 50, 52, 54, 55, 56, 57, 58, 59, 60, 88, 184
シベリアの永久凍土	47
エマルジョン	87, 88, 89
黄鉄鉱	144, 145, 146, 147
黄鉄鉱の結晶	147
オルステン動物群	167, 169, 171, 172
糞粒の堆積	172
海食洞	40, 41
化石鉱脈	31, 104, 195
カルサイト	→方解石　の項を参照
珪化木	14, 142, 143
珪化木となったティエテア	14, 143
考古遺物	16
琥珀	13, 76, 77, 78, 79, 80, 81, 82, 83, 84, 85, 86, 87, 88, 89, 90
虫入り琥珀	13
恐竜の尾	77
エナンティオルニス類	78, 79
スッキニラケルタの後半身	80
アシブトコバチ類	81
ヤマアリ類	81
ウデカニムシ類	82
ゾウムシ類	82
アゴダチグモ類	83
バラ	84
松ぼっくり	85
エマルジョンに覆われた昆虫	88
コプロライト	23
ティラノサウルスのコプロライト	23
コラーゲン	24, 44, 56, 154, 155
コンクリーション	94 95, 97, 99, 100, 101, 165, 166, 174, 175, 176, 177, 178, 179, 180, 181, 182, 183, 184, 185, 186, 187
コンクリーション（宮崎県都城市産）	177
コンクリーション（北海道中川町産）	177
コンクリーション（滋賀県甲賀地域産）	178
アンモナイト入りコンクリーション（北海道三笠市産）	178
アンモナイト入りコンクリーション（イギリス産）	179
アンモナイト入りコンクリーション（モロッコ産）	180
ツノガイ入りコンクリーション（富山県富山市産）	180
ツノガイ入りコンクリーションの断面	182
示準化石	96

217

索引（用語） ※各項の関連写真

用語	ページ
示相化石	96
湿地遺体	61, 63, 64, 67, 68, 70, 71, 72, 73, 74, 75, 89, 90
トーロンマン	62, 63, 64
グラウベールマン	65, 66, 67
ヴィンデビーの少女	68, 69, 70
ダーメンドルフの湿地遺体	71
樹脂（天然）	76, 79, 84, 85, 86, 87, 88, 89
樹脂（プラスチック）	132, 133
石灰岩	34, 35, 38, 39, 40, 42, 43, 45, 101, 102, 104, 116, 117, 119, 152, 194
鍾乳洞	40
タフォノミー	10, 195, 199
炭酸カルシウム	14, 39, 96, 134, 136, 138, 165, 166, 167, 170, 181, 184
タンニン	71, 73, 74
ドロマイト	99, 100
ノジュール	→コンクリーション　の項を参照
菱鉄鉱	131, 132, 133
プレシャスオパール	138, 140, 141
オパール化した二枚貝	139
オパール化したクビナガリュウの歯	139
オパール化したクビナガリュウの椎骨	140
方解石	99, 100, 134, 136, 158, 160
メデューサ・エフェクト	161, 162, 163
メラノソーム	104, 106
油母頁岩	131, 132, 133
油母頁岩	131, 132, 133
溶岩洞	41
燐灰石	24, 42, 154
リン酸カルシウム	14, 24, 42, 137, 148, 162, 163, 172, 173

索引（生物名）※各項の関連写真

生物名	学名	ページ
アウストラロピテクス	*Australopithecus*	32, 34, 202, 203, 204
スタークフォンテン洞窟のアウストラロピテクス属の化石		35
ルーシー		205
アキロニファー	*Aquilonifer*	97, 98
アキロニファーのCG復元		97
アグノスタス	*Agnostus*	169, 170
アグノスタスの化石		170
アノマロカリス	*Anomalocaris*	198
アメリカマストドン	*Mammut americanum*	150
アメリカライオン	*Panthera atrox*	150
アラエオケリス	*Allaeochelys*	128, 129, 130, 132
アラエオケリスの化石		129
アラルコメナエウス	*Alalcomenaeus*	198
アラルコメナエウスの化石		198
アルゼンチノサウルス	*Argentinosaurus*	29
アルディピテクス	*Ardipithecus*	202
アンモナイト		14, 117, 134, 136, 137, 164, 174, 178, 179, 183, 194
アンモナイトの化石		136
アンモナイト入りコンクリーション（北海道三笠市産）		178
アンモナイト入りコンクリーション（イギリス産）		179
アンモナイト入りコンクリーション（モロッコ産）		180
イーダ		→ダーウィニウスの項を参照
ウィワクシア	*Wiwaxia*	188, 192
ウィワクシアの化石		192
エウロヒップス	*Eurohippus*	126, 127
エウロヒップスの化石（SMF-ME-11034）		127
エナンティオルニス類		79
エナンティオルニス類		78, 79
エルラシア	*Elrathia*	188, 189
エルラシアの化石		189
オットイア	*Ottoia*	188, 190
オットイアの化石		190
オッファコルス	*Offacolus*	94, 95
オッファコルスのCG復元		95
オドントグリフス	*Odontogriphus*	188, 191
オドントグリフスの化石		191
オパビニア	*Opabinia*	195
オパビニアの化石		195
オルソロザンクルス	*Orthrozanclus*	188, 192
オルソロザンクルスの化石		192
オレノイデス	*Olenoides*	188, 189
オレノイデスの化石		189

219

索引（生物名）※各項の関連写真

生物名	学名	ページ
カラモプレウルス	*Calamopleurus*	158, 159, 161, 162
カラモプレウルスの化石		160, 161, 162
カンブロパキコーペ	*Cambropachycope*	167, 168
カンブロパキコーペの化石		168
魚竜類		138, 164
クーテナイスコレックス	*Kootenayscolex*	193, 194
クーテナイスコレックスの化石		193
クビナガリュウ類		138, 139, 140, 174
オパール化したクビナガリュウの歯		139
オパール化したクビナガリュウの椎骨		140
ゲイセルタリエルス	*Geiseltaliellus*	124, 125
昆虫を食べたトカゲを食べたヘビの化石		125
ケナガマンモス		13, 46, 47, 48, 49, 50, 51, 56
YUKA		13, 48
ベレゾフカ・マンモス		51
ディマ		53
リューバ		54
ゴティカリス	*Goticaris*	168, 169
ゴティカリスの化石		168
コリンボサトン	*Colymbosathon*	95, 96
コリンボサトンのCG復元		96
コロンビアマンモス	*Mammuthus columbi*	150
三葉虫		14, 144, 146, 169, 172
糞粒の堆積		172
シェルゴルダーナ	*Shergoldana*	171
シェルゴルダーナの化石		171
始祖鳥	*Archaeopteryx*	104, 106, 107, 108, 116, 117, 194
ベルリン標本		105
ロンドン標本		107
スキウルミムス	*Sciurumimus*	108, 109, 110
スキウルミムスの化石		110, 111
スッキニラケルタ	*Succinilacerta*	80
スッキニラケルタの後半身		80
ステップバイソン	*Bison priscus*	49
ユカギル・バイソン		50
スミロドン	*Smilodon*	148, 149, 150, 151, 155
スミロドンの化石		149
ダーウィニウス	*Darwinius*	120, 122, 123, 132
イーダ		121
ダイアウルフ	*Canis dirus*	150
ティエテア	*Tietea*	14, 143
珪化木となったティエテア		14, 143
ティラノサウルス	*Tyrannosaurus*	20, 23, 29
ティラノサウルスのコプロライト		23

生物名	学名	ページ
ディラフォラ	*Diraphora*	188, 190
ディラフォラ		190
トゥリアルトゥルス	*Triarthrus*	144, 145, 146
トゥリアルトゥルスの化石		146
ナイティア	*Knightia*	157, 158
ナイティアの化石		151
ネアンデルタール人		→ホモ・ネアンデルター レンシスの項を参照
バイソン・アンティクウス	*Bison antiquus*	151
パレオフィトン	*Palaeopython*	124, 125, 126, 132
昆虫を食べたトカゲを食べたヘビの化石		125
ビカリア	*Vicaria*	140, 141
ビカリアの化石		141
月のお下がり		141
フクシアンフィア	*Fuxianhuia*	197, 198
フクシアンフィアの化石		197
プミリオルニス	*Pumiliornis*	123
プミリオルニスの化石（SMF-ME 1141a）		123
ブレドカリス	*Bredocaris*	168, 169
ブレドカリスの化石		168
ヘスランドナ	*Hesslandona*	169, 170, 172
ヘスランドナの化石		170
糞粒の堆積		172
ホモ・エレクトゥス	*Homo erectus*	202
ホモ・ナレディ	*Homo naledi*	32, 33, 34, 42
ライジング・スター洞窟の ホモ・ナレディの化石		33
ホモ・ネアンデルターレンシス	*Homo neanderthalensis*	16, 202
ホモ・ハビリス	*Homo habilis*	202
ホラアナグマ	*Ursus spelaeus*	35, 36, 37, 38
ベア・ケイブのホラアナグマの化石		36
ホラアナハイエナ	*Crocuta spelaea*	37, 38
ホラアナライオン	*Panthera spelaea*	37, 38
マルレラ	*Marrella*	188, 191
マルレラの化石		191
マンムーサス・プリミゲニウス	*Mammuthus primigenius*	→ケナガマンモスの 項を参照
メソリムルス	*Mesolimulus*	109, 112, 113, 114, 115, 119
メソリムルスの死の行進		112, 113
ライララパックス	*Lyrarapax*	198, 199
ライララパックスの化石		199
ラコレピス	*Rhacolepis*	157, 158, 160
ラコレピスの化石		158, 159, 160
レアンコイリア	*Leanchoilia*	192, 193
レアンコイリアの化石		192

索引（地名） ※各項の関連写真

地名	
アラリッペ台地	→サンタナ層　の項を参照
グリーン・リバー	156, 157
グルーベ・メッセル	120, 126, 128, 129, 130, 131, 132, 133, 156
サンタナ層	156, 157, 158, 160, 161, 162, 164, 165, 166, 174
スタークフォンテン洞窟	34, 35, 43
ゾルンホーフェン	104, 106, 108, 109, 113, 114, 116, 117, 118, 119, 145, 194, 195, 201
ゾルンホーフェンの石灰岩	117
澄江	197, 200, 201
バージェス頁岩	188, 193, 194, 195, 196, 197, 199, 200, 201
ビーチャーの三葉虫床	144, 145, 169
ベア・ケイブ	36
ヘレフォードシャー	94, 95, 96, 98, 99, 100, 101, 102, 103, 167, 174
ポンペイ	90, 91, 93, 99, 101, 102, 103
ヒトの石膏像	91
イヌの石膏像	92
ポンペイ遺跡のフレスコ画	102
ライジング・スター洞窟	32, 33, 34, 42
ラッカムのねぐら洞窟	38, 39, 43
ランチョ・ラ・ブレア	150, 151, 152, 154, 155
ランチョ・ラ・ブレアのタール	152

学名一覧

学名	本書の表記
Australopithecus	アウストラロピテクス
Agnostus	アグノスタス
Alalcomenaeus	アラルコメナエウス
Allaeochelys	アラエオケリス
Anomalocaris	アノマロカリス
Aquilonifer	アキロニファー
Archaeopteryx	始祖鳥
Ardipithecus	アルディピテクス
Argentinosaurus	アルゼンチノサウルス
Bison antiquus	バイソン・アンティクウス
Bison priscus	ステップバイソン
Bredocaris	ブレドカリス
Calamopleurus	カラモプレウルス
Cambropachycope	カンブロパキコーペ
Canis dirus	ダイアウルフ
Colymbosathon	コリンボサトン
Crocuta spelaea	ホラアナハイエナ
Darwinius	ダーウィニウス
Diraphora	ディラフォラ
Elrathia	エルラシア
Eurohippus	エウロヒップス
Fuxianhuia	フクシアンフィア
Geiseltaliellus	ゲイセルタリエルス
Goticaris	ゴティカリス
Hesslandona	ヘスランドナ
Homo erectus	ホモ・エレクトゥス
Homo habilis	ホモ・ハビリス
Homo naledi	ホモ・ナレディ
Homo neanderthalensis	ホモ・ネアンデルターレンシス
Knightia	ナイティア
Kootenayscolex	クーテナイスコレックス
Leanchoilia	レアンコイリア
Lyrarapax	ライララパックス
Mammut americanum	アメリカマストドン
Mammuthus columbi	コロンビアマンモス
Mammuthus primigenius	ケナガマンモス
Marrella	マルレラ
Mesolimulus	メソリムルス
Odontogriphus	オドントグリフス
Offacolus	オッファコルス
Olenoides	オレノイデス
Opabinia	オパビニア

学名	本書の表記
Orthrozanclus	オルソロザンクルス
Ottoia	オットイア
Palaeopython	パレオフィトン
Panthera atrox	アメリカライオン
Panthera spelaea	ホラアナライオン
Pumiliornis	プミリオルニス
Rhacolepis	ラコレピス
Sciurumimus	スキウルミムス
Shergoldana	シェルゴルダーナ
Smilodon	スミロドン
Succinilacerta	スッキニラケルタ
Tietea	ティエテア
Triarthrus	トゥリアルトゥルス
Tyrannosaurus	ティラノサウルス
Ursus spelaeus	ホラアナグマ
Vicaria	ビカリア
Wiwaxia	ウィワクシア

■ 著者紹介

土屋 健（つちや・けん）

オフィス ジオパレオント代表。サイエンスライター。埼玉県生まれ。金沢大学大学院自然科学研究科で修士号を取得（専門は地質学、古生物学）。その後、科学雑誌『Newton』の編集記者、部長代理を経て独立し、現職。雑誌等への寄稿、著作多数。近著に『楽しい日本の恐竜案内』（共著：平凡社）、『怪異古生物考』（技術評論社）、監修書に『MOVE COMICS 地球と生命の大進化』（講談社）など。
高校時代、「どうせ土屋は、将来、化石になりたいんだろ」と友人にいわれる。その後も、大学、社会人と、環境も人も変わるのに、なぜか似たようなことをまわりから指摘され続けている。

■ 監修者紹介

前田 晴良（まえだ・はるよし）

九州大学総合研究博物館・教授。東京都品川区出身。元高校球児（外野手）。理学博士（東京大学）。アンモナイトにはまったのが運の尽きで、化石の道（＝石道）から足を洗えずに今日に至る。中学生のとき、将来何になりたいかという課題の作文に「化石！」と書いて職員室により出された先輩（現在、石油業界で活躍中）から薫陶を受けた。
仕事柄、目にした数多くの化石の死にざまから、糞にまみれて横死してでも後世に存在の証を残すか、それとも何も残さずに静かに土にかえるか、という人生における究極の二択を突きつけられ、今なお苦慮中。

■ イラストレーター紹介

えるしま さく

多摩美術大学日本画学科卒業。博物学をテーマにしたTシャツブランド「パイライトスマイル」のイラストレーター。技術評論社「古生物の黒い本」シリーズで古生物復元イラストを担当。生き物と鉱物が好き。
もしも化石をつくれるなら……後世の復元イラストの資料として、いろんな動物の毛や鱗など、見た目にかかわる部分を残したい。
「パイライトスマイル」http://pyritesmile.shop-pro.jp

【編 集】	ドゥ アンド ドゥ プランニング有限会社
【装幀・本文デザイン】	横山明彦（WSB inc.）
【イラスト】	えるしま さく
【作 図】	土屋 香

生物ミステリー PRO

化石になりたい　よくわかる 化石のつくりかた

発行日	2018年 7月28日　初版　第1刷発行

著 者	土屋 健
発行者	片岡 巌
発行所	株式会社技術評論社
	東京都新宿区市谷左内町21-13
電 話	03-3513-6150　販売促進部
	03-3267-2270　書籍編集部
印刷・製本	大日本印刷株式会社

定価はカバーに表示してあります。

本書の一部または全部を著作権法の定める範囲を超え、無断で複写、複製、転載あるいはファイルに落とすことを禁じます。

© 2018　土屋 健

造本には細心の注意を払っておりますが、万一、乱丁（ページの乱れ）や落丁（ページの抜け）がございましたら、小社販売促進部までお送りください。送料小社負担にてお取り替えいたします。

ISBN 978-4-7741-9927-6 C3045
Printed in Japan

ハードル競技 Q&A

Q1　抜き脚が苦手で思うように前に出てきません。

A1　踏み切り動作がしっかり行われていれば、技術的に多少不安定でも、跳び慣れてくるにしたがって抜き脚を自然に横から抜けるようになります。

　一流選手のスムーズな動きを見て、「またぐ」という部分と「横に抜く」という動作のイメージが残っているのかもしれません。ハードル競技においては、まず踏み切り動作が極めて重要です。ここがおろそかになると、反射と慣性で抜き脚を前に振り下ろすことが困難になります。主原因ではありませんが、股関節など体の柔軟性に欠ける場合も抜き脚を出しにくくなることもあります。

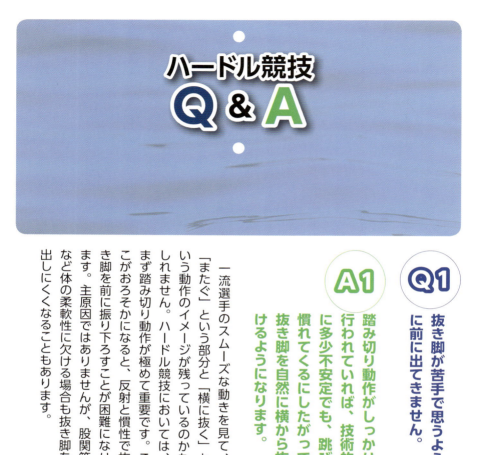

122

Q2
中学で陸上をやっていますが、400mハードルはいつから始めたらいいですか?

A2
「いつから」ではなく、「何からやっていくか」「今、やっていることをどのように生かしていくか」と考えた方がいいでしょう。

高校の大会から正式種目として行われる400mハードルは、経験回数と記録の伸び具合は必ずしも比例しません。種目の特性として、ハードル間のインターバルが決まっており、成長期に記録を伸ばしていくには、歩数やペース配分を変えていかなければならないからです。まずは自分のタイプを明確にし、優先順位を決めた練習をしながら、400mハードルの選手としての総合力を高めてください。

Q3
400mハードルは、レースの前にあらかじめ全部の歩数を決めた方がいいのでしょうか? それとも、ハードルが目の前に来たら跳ぶというように臨機応変にするべきでしょうか?

A3
基本的には決めた方が良いでしょう。しかし、非常時のためにとっさに跳べるようにしておいた方がより良いです。

とっさに跳ぶというのは、結局は考えながらハードル手前で大きな修正を繰り返しながら跳んでいくことになります。これは高等技術を駆使していることになり、リラックスした走りがなかなかできません。とはいえ、とっさに跳べれば、大きな失敗のリスクを回避できる上、あらかじめ設定した歩数が余裕を持ったレース運びとなって相乗効果を生みます。

Q4 ハードリングの際、よくバーに脚をぶつけてリズムを崩してしまいます。

A4 踏み切り位置やリード脚、抜き脚の運び方など、ハードリング全体の流れを検証してみてください。

国内外の大きな大会でもそうしてリズムを崩すトップ選手がいるため、ハードルは「ぶつけないように跳ぶのが正しい」と考えるのが一般的です。ただ、どのくらいの強さでぶつけるとバランスを崩すのか、その程度を知っていますか？ そこでハードルを倒さない範囲でバーをこすっていくトレーニングが有効です。意識的にハードルに体を当てられるということは、自分の体の位置を正確に把握できているということ。これによって大きくバランスを崩すことなく、安定したハードリングが可能になります。

Q5
110m(100m)ハードルのフィニッシュに関して、正しいフォームはありますか?

A5
コンマ数秒という僅差で勝敗が決まるスプリントハードルでは、トルソー(胴体部分)か、左右いずれの肩を突き出すようにしてゴールに飛び込むのが良いとされています。

もちろん、ランニングやハードリングフォームはありませんので、自分に適したやり方を研究してみてください。ただし、初中級者は、フィニッシュばかりを意識しすぎると、かえってスピード低下を招くことがあります。そこでフィニッシュ地点の5〜10m先に向かって駆け抜けるイメージを持っておくといいでしょう。

ほど「このようにするべき」という

Q6
冬期にどんなトレーニングをしたらいいかわかりません。

A6
試合シーズンにできなかった弱点や課題を明らかにし、やりたいことややらなければいけないことから徹底的に鍛えます。

基本的に冬期は「鍛錬期」とも呼ばれ、ハードルではシーズンでやり残してしまったハードリング技術の基本練習、バランスのよい基礎体力向上、スプリント力アップなどを目的としたトレーニングを行います。次のシーズンに向けて「何秒で走りたい」という目標を立てるだけでなく、その目標達成のために「○○をアップさせる」「○○ができるようになる」など、冬期の過ごし方をより具体的に考えることが大切です。

モデル協力

順天堂大学陸上競技部

　1952年に創部された伝統と歴史のある陸上競技部。日本インカレは27回の総合優勝。箱根駅伝では11回の優勝を誇る。ハードル競技でも国内外の大会で優秀な成績を修める選手を育成。オリンピックをはじめ、日本代表選手も多数輩出している。

岩崎崇文（写真左上）
　2018年日本インカレ 400mH 2位
　自己記録 49秒64

藤井亮汰（写真右上）
　2018年日本インカレ 110mH 2位

井上駆（写真左下）
　2019年ユニバーシアード日本代表
　自己記録 49秒54

有田憲英（写真右下）
　400mH 自己記録 50秒43

126

監修者

山崎一彦（やまざき かずひこ）

順天堂大学陸上競技部監督
順天堂大学スポーツ健康科学部 教授

　1971年生まれ。武南高校から順天堂大学体育学部体育学科へ進学し、筑波大学大学院体育研究科を修了。400mハードルを専門とし、1995年世界選手権イエテボリ大会では日本人として初めてファイナリスト（7位）となる。1995年ユニバーシアード優勝、バルセロナ（1992年）、アトランタ（1996年）、シドニー（2000年）オリンピック代表にも選出される。

　2001年選手引退後は岐阜県スポーツ科学トレーニングセンター、福岡大学スポーツ科学部准教授、英国ラフバラ大学客員研究員などを経て、2014年より母校の順天堂大学スポーツ健康科学部准教授に就任。2016年からは同学部教授に就く。

　日本陸上競技連盟強化委員長。

制作スタッフ

ＤＴＰ：居山勝

撮　　影：上重泰秀、曽田英介

執筆協力：小野哲史

編　　集：株式会社ギグ

**スムーズな走りを極める！
陸上競技　ハードル　新装版**

2022年4月15日　第1版・第1刷発行

監　　修　山崎　一彦（やまざき　かずひこ）

発 行 者　株式会社メイツユニバーサルコンテンツ

　　　　　代表者　三渡　治

　　　　　〒102-0093東京都千代田区平河町一丁目1-8

印　　刷　株式会社厚徳社

◎『メイツ出版』は当社の商標です。

●本書の一部、あるいは全部を無断でコピーすることは、法律で認められた場合を除き、
　著作権の侵害となりますので禁止します。

●定価はカバーに表示してあります。

©ギグ,2018,2022.ISBN978-4-7804-2601-4 C2075 Printed in Japan.

ご意見・ご感想はホームページから承っております

ウェブサイト　https://www.mates-publishing.co.jp/

編集長:堀明研斗　企画担当:堀明研斗

※本書は2018年発行の『スムーズな走りを極める！陸上競技　ハードル』を元に、必要な
　情報確認を行い、書名・装丁を変更し、新たに発行したものです。